江西理工大学优秀博士论文文库

西部高水压基岩段
冻结立井井壁力学特性

管华栋 著

北 京

冶金工业出版社

2020

内 容 提 要

本书主要介绍了我国西部矿山冻结井筒高水压基岩段井壁力学特性。全书共分 5 章，主要内容包括：我国西部矿山冻结井筒高水压基岩段井壁的相关研究，冻结立井的临时支护力学模型和安全分析，冻结施工过程的井壁温度场及井壁温度应力分析，基于温度场和应力场耦合作用下高水压基岩段井壁设计理论及实际工程应用等。

本书可供土木、采矿等领域从事矿山井筒建设及相关作业的生产技术人员和科研人员阅读，也可供高等院校地下工程、岩土工程、采矿工程等相关专业的师生参考。

图书在版编目（CIP）数据

西部高水压基岩段冻结立井井壁力学特性/管华栋著 . —
北京：冶金工业出版社，2020.12
ISBN 978-7-5024-8651-8

Ⅰ.①西… Ⅱ.①管… Ⅲ.①冻结法（凿井）—冻结法施工—研究 ②矿山—竖井井筒—井壁—力学—研究
Ⅳ.①TD265.3

中国版本图书馆 CIP 数据核字（2020）第 242726 号

出 版 人　苏长永
地　　址　北京市东城区嵩祝院北巷 39 号　邮编　100009　电话　(010)64027926
网　　址　www.cnmip.com.cn　电子信箱　yjcbs@cnmip.com.cn
责任编辑　郭冬艳　美术编辑　吕欣童　版式设计　禹　蕊
责任校对　卿文春　责任印制　禹　蕊
ISBN 978-7-5024-8651-8
冶金工业出版社出版发行；各地新华书店经销；三河市双峰印刷装订有限公司印刷
2020 年 12 月第 1 版，2020 年 12 月第 1 次印刷
169mm×239mm；8.75 印张；169 千字；131 页
66.00 元

冶金工业出版社　投稿电话　(010)64027932　投稿信箱　tougao@cnmip.com.cn
冶金工业出版社营销中心　电话　(010)64044283　传真　(010)64027893
冶金工业出版社天猫旗舰店　yjgycbs.tmall.com
（本书如有印装质量问题，本社营销中心负责退换）

前　言

　　我国西部地区煤炭资源埋藏较深，虽然煤炭上部覆盖的冲积层浅，但基岩含水层多，埋深大，加之基岩软弱，孔隙含水，可注性差，为冻结法凿井技术应用带来了新的机遇和挑战。按现有设计规范或工程经验，西部高水压基岩段冻结壁和井壁往往设计过厚，井壁混凝土的标号甚至超过 C75。如此又厚又高强度的井壁却并未给井筒带来应有的防水和承载效果，井壁仍需反复进行壁间和壁后注浆，既增加了建井工程的造价，又延缓了建井施工进度。因此，当前我国西部冻结法凿井的"两壁"设计理论已经严重滞后于工程实践。

　　实际上，冻结法凿井涉及很多复杂的力学问题，如冻结壁的力学特性分析，外壁或临时支护的力学特性分析，高水压下永久井壁力学特性分析，井壁砌筑过程中力学特性受冻结环境的影响等，这些理论研究尚存在很多不同的见解和争议。本书针对我国西部高水压基岩的特点，以西部井筒建设工程为背景，采用现代岩土多场耦合理论和先进的数值计算工具，开展了基于围岩、高水压和井壁的相互作用，冻结井筒特殊温度环境条件下的支护理论研究，为短段掘砌外壁长套内壁施工工艺下的井壁设计和施工安全，提供可靠的力学理论基础。

　　全书共分为 5 章：第 1 章，主要综述了冻结井筒冻结壁和井壁力学相关的国内外研究进展；第 2 章，考虑围岩与冻结壁的相互作用，进行了平面弹塑性、空间有限段高冻结壁力学分析，研究了其应力场、位移场分布及影响规律，给出了临塑状态相关判别式，并从力学角度解答了作为临时支护的冻结壁和外壁设计及安全评价问题；第 3 章，针对冻结立井特殊施工环境，建立了计算结果与实测值误差较小的温度场有限元反演方法，介绍了施工期间井壁温度场分布及变化规律；

第4章，介绍了施工期间井壁温度应力的产生机理和温度应力、应变分布及变化规律，并基于热力耦合作用构建了井壁永久支护力学模型，提出了高水压基岩段井壁设计新公式以及允许的井壁最大降温值计算式、极限设计深度判别式；第5章，基于施工期间实测数据分析和有限元数值计算，重点介绍了施工期间井壁应力、应变分布和变化规律，并从温度应力的产生机理和施工工艺的角度提出了深冻结立井井壁温度应力的防治应对措施。本书主要基于作者在攻读博士学位期间以及工作以来的研究成果进行撰写。在撰写过程中，为了便于不同专业背景的读者阅读，对书中涉及的公式符号以及专业术语进行了相关说明。

在本书撰写过程中，得到了北京科技大学周晓敏教授的无私帮助，得到了江西理工大学王观石教授的大力支持，在此表示衷心感谢！此外，作者还参阅了国内外相关专业的部分文献，已全部列入书后的参考文献中，向所有文献的作者表示衷心的感谢！

本书的编撰和出版得到了江西理工大学和江西省教育厅项目（GJJ190499）的资助，在此表示诚挚的感谢！

由于作者学识水平及经验有限，书中难免有不妥或不足之处，敬请广大读者批评指正。

作　者

2020年7月于赣州

目　　录

1 绪 论

《《《

1.1 引言

立井井筒是矿井生产运输的咽喉工程，是矿井建设中极其关键的单项工程，其设计和施工将直接对矿井的建设成本、建井工期及矿井投产后的生产安全产生重大的影响，因此井筒设计和施工一直是矿山行业关注的重点和热点。

目前，我国各类矿山已有超过三分之一的立井井筒深度在 700m 以上[1]，有的甚至已经超过 1500m。深部矿产资源的开发已经成为我国矿业发展的必然趋势，深井建设将是未来一段时期内我国矿山建设的主要任务。随着国家西部大开发的战略实施，矿山行业配合国家"四深"领域中"深地"战略部署，在陕西、甘肃、宁夏、内蒙古等地区拉开了新一轮深井建设的序幕。由于我国西部地层条件特殊，尤其是深部基岩含水层涌水量大时，井筒易出现普通法凿井无法正常施工，而注浆法效果甚微，比如：内蒙古塔然高勒煤矿主、副、风井筒，因注浆封水难度大，深部井筒施工不断受阻，然后改用冻结法施工[2]；宁东麦垛山立井降水法施工失败后，改用冻结法凿井[3]；核桃峪煤矿斜井施工中，因水害难治，改为立井冻结法施工[4]。因此，针对我国西部特殊的地层条件，深部井筒施工必须使用特殊方法，其中冻结法凿井逐渐成为西部深井建设选用最多的工法。

我国立井井筒现有的特殊施工方法主要为：冻结法、钻井法、沉井法、注浆技术和混凝土帷幕法、降低水位法等。表 1-1 示出了从 1949 年到 2015 年，我国采用特殊凿井施工的井筒共计 2100 多个[5]，冻结法凿井施工的井筒比例达到 57.6%，说明冻结法凿井是立井井筒施工的第一工法。

表 1-1 我国立井凿井施工统计

施工年份	冻结法	注浆法	钻井法	沉井法	帷幕法	小计
1949 ~ 1959	18	18	—	16	—	52
1960 ~ 1969	50	17	1	12	—	80
1970 ~ 1979	112	38	19	122	22	313
1980 ~ 1989	128	69	26	8	2	233
1990 ~ 1999	166	150	25	2	—	343
2000 ~ 2010	494	200	36	—	—	730
2011 ~ 2015	250	100	12	—	—	362
小 计	1218	592	119	160	24	2113

我国冻结法凿井最早应用于我国中东部深厚表土段的井筒施工，其技术发展的关键可归纳为"两壁一钻"，这里的"两壁"分别是指井筒井壁和冻结壁，这一关键技术问题既涉及基础理论，又关乎工艺技术。进入 21 世纪以来，我国冻结法凿井的重心由中、东部转向西部地区。在我国中、东部地区尚未被彻底解决的一些问题，到西部又遇到了新的情况。我国西部地区具有表土层浅、深部基岩软弱且富含水，井筒穿越地层以白垩系、侏罗系岩层为主，这些特点为冻结法凿井技术发展既带来了新的机遇，也带来了新的挑战。

（1）若直接参照东部地区深厚冲积层冻结壁设计方法，必然造成西部高水压基岩段冻结壁设计过厚，既提高了建井工程造价、增加了冻结工期，又延缓了建井施工进度。

（2）西部基岩含水层埋藏深、水头高，按照现行煤矿井筒设计规范，设计的井壁混凝土强度等级偏高，厚度偏大，增加了工程造价和施工风险；而高强度和厚井壁并不代表高质量的井壁，井壁仍然存在裂纹，导致井筒漏水需要注浆，影响到井壁整体的耐久性，从而影响井筒永久生产。

（3）高标号大体积混凝土井壁浇筑过程中，井壁内部温度梯度过大，产生的温度应力较大，易造成温度裂缝的产生，从而既增加了井壁施工风险，又降低了井壁力学性能。

减薄"两壁"设计厚度，指导井壁施工，评价施工过程中冻结壁的安全性，控制井壁温度应力与温度裂缝的产生，提高井壁耐久性，是当前西部建井工程急需解决的难题，而且会随着矿山资源进一步往深部开发而更加凸显。

本书针对西部冻结井筒低温环境施工，以及高水压基岩段井壁设计存在的问题，基于短掘短砌外壁长套内壁的主流施工工艺，采用最新岩土耦合场理论分析、有限元数值计算和现场工程实测等手段，重点研究基于短掘短砌安全施工的冻结壁设计力学模型，冻结立井温度环境下井壁早期受力和变形，高水压基岩段井筒永久支护的力学模型等问题，从而为西部矿山冻结井筒高水压基岩段井壁设计提供帮助，也为井壁施工提供指导，减少建设投资，降低施工风险，提高工程质量，促进西部矿山建井技术的进步和发展。

1.2　国内外冻结法凿井技术研究现状与发展

1.2.1　冻结法凿井技术发展概述

冻结法凿井技术起源于人工地层冻结技术。人工地层冻结技术主要是解决流沙、淤泥等极不稳定表土的岩土工程施工，最早是在 19 世纪 60 年代初开始运用[6]。英国工程师南威尔士 1862 年在建筑基础施工中，首次利用人工冻结技术加固土壤[7]，自此奏响了人类使用人工地层冻结技术的序曲。1883 年德国工程师波茨舒在德国阿尔巴里德煤矿用冻结法开凿了 103m 深的井筒，获得了冻结法凿井的专利，之后这项技术便开始传播到世界上的众多国家[8]。

冻结法凿井的核心是"两壁一钻"，其中"两壁"指的是"冻结井壁"和"冻结壁"设计理论和施工技术，"一钻"指的是冻结孔钻进技术与装备。在冻结法凿井发展过程中，冻结井壁经历了从单层井壁到双层井壁、再发展到砌块复合井壁、最后到双层钢筋混凝土复合井壁的演变过程，冻结井壁的材料也从低标号 C15 混凝土发展到高标号 C80 混凝土；冻结壁经历了弹性设计到弹塑性设计、再到有限段高设计的演变过程，冻结方案则由单圈孔方案变为多圈孔冻结方案；冻结孔钻进设备由冻结注浆专用钻机更替为大钩载、大扭矩、大泵压钻机，测斜技术由原来的灯光测斜发展到机械陀螺测斜、再发展到如今的光纤和激光陀螺测斜仪。

事实上，冻结井壁和冻结壁的设计理论、施工技术都是随着井筒冻结深度的增加而逐渐变化的，因此冻结深度是评判冻结法凿井施工技术高低的一个重要标志[9]。国外采用冻结法凿井的国家主要有英国、德国、波兰、俄罗斯、比利时、加拿大等，英国在 20 世纪初期开始运用冻结法凿井技术，主要冻结对象为含水砂岩地层，并于 20 世纪 70 年代利用冻结法凿井建成了当时世界上冻结深度最深的井筒——博尔比钾盐矿进风立井，其冻结深度达到了 930m[10]；德国则在 20 世纪 60 年代以前，利用冻结法施工了鲁尔矿区 250 个立井中的大部分井筒，最大冻结深度为 600m；波兰在 1885 年就开始使用冻结法凿井技术了，截至 20 世纪 70 年代末，其冻结法施工的井筒有 250 个左右，最大冻结深度达到 760m；俄罗斯（苏联）自从 1928 年开始到苏联解体前，使用冻结法凿井建成的井筒大约有 500 个，是 20 世纪施工规模最大的国家，其最大冻结深度达到 620m；比利时和加拿大也使用冻结法凿井技术建设了一些立井井筒，最大冻结深度分别达到 760m 和 915m。国外最深冻结井的统计情况详见表 1-2。国内采用冻结法凿井的最深冻结井为核桃峪煤矿副立井和回风井，冻结深度达到了 950m 和 916m[11]。

表 1-2　国外最深冻结井简况

国　家		英国	加拿大	波兰	比利时	俄罗斯	德国
井筒名称		博尔比钾盐矿进风立井	美国钾盐公司	卢布林煤矿 K₂ 井	侯泰灵2 号井	雅科夫列夫铁矿	维尔德煤矿风井
冻结地层/m	冲积层	<100		34	377		<60
	含水基岩	以本特砂岩为主	以白雷摩尔岩层为主	以白垩系、侏罗系岩层为主		砂岩48.8	以砂岩为主
冻结深度/m		930	915	760	638	620	585
备　注			井筒漏水270m³/h			断管15 根	断管6 根

回顾我国冻结法凿井发展走过的 60 多年，建井行业通过引进学习、工程实践、技术研究，获得了许多成果，也积累了许多经验。按照时间可以划分为以下三个发展阶段[9~11]：

(1) 引进学习阶段，时间范围大致是从引进冻结法凿井至 20 世纪 70 年代。这一时期，冻结法凿井多用于埋深在 200m 以内的较浅表土层中（除河北省邢台矿外），建井行业普遍把冻结壁作为弹性、小变形、均质等厚的圆筒状人工冻土结构物。除施工后自然融化外，其余均与普通地层中井筒井壁施工相似。冻结壁的设计按平面轴对称厚壁圆筒应力公式，引用第一（以后引用第三或第四）强度理论推导的拉麦公式计算设计冻结壁厚度。当表土层深度超过 150m 时，用拉麦公式求出的冻结壁厚度值很大，甚至无解，故又引用德国学者多姆克公式。多姆克公式可用于深表土层中（300m 深以内）的冻结壁厚度设计，但也常出现一些工程问题，例如：在邢台矿主、副井冻结凿井中，曾经就发现冻结壁径向蠕变较大，但未引发重大工程事故，可惜未引起工程界的严重关注。

(2) 推广探索阶段，从 20 世纪 70 年代初开始。在淮南、淮北、兖州、大屯等矿区进行大规模使用。这些矿区均为深厚表土层覆盖，主要用冻结法和钻井法通过表土段施工，由于表土层深厚、复杂、地压大，按计算所得冻结壁厚度为 6~12m，甚至更大，而科技工作者在主观概念上希望冻结壁厚度减小为 4~6m。为了在理论上找到依据，或加大冻土强度值，或采用第四强度理论，或采用苏联学者维亚洛夫教授和扎列茨基教授把冻结壁作为理想弹塑性体的计算方法，希望冻结壁厚度计算值与以往经验值相近。工程实践中，由于冻结壁太薄造成冻结壁径向变形加大，致使外层井壁在凿井中被压坏，或引发冻结管断裂造成盐水漏失致使冻结壁局部破坏，工作面上鼓严重，这些都严重影响工程进展和安全，甚至造成重大工程事故导致工程失败。科技工作者从工程实践中认识到：简单的引用弹性或弹塑性理论，在作若干假设后求解的方法，不能反映工程客观实际，因而也不能解决工程问题。

(3) 提升突破阶段，这一阶段始于 20 世纪 80 年代初。基于上述现实使科技工作者认识到冻结壁的工况是非常复杂的，冻土和冻结壁的力学和热学特性都需要从实测、实验开始进行研究，理论研究也要从单参数进入到系统的耦合作用的研究。由煤炭科学研究总院北京建井所陈文豹研究员、中国矿业大学建工学院马英明教授等、特殊凿井公司熊声誉高工等，以及淮南工业学院建工系等单位先后在两淮矿区、兖州矿区的 20 余个井筒，对冻结壁、井壁的应变、位移、应力、温度等参数进行实测研究，获得了冻结壁径向变形与掘进段高、段高暴露时间等参数之间的关系；冻结壁径向位移沿段高分布规律；冻结压力与深度、土性等参数的关系及数值范围。中国矿业大学建工学院崔广心教授等研制大型竖井模拟试验台，以相似理论为基础对冻结壁的力学参数、热学参数和几何参数间的关系进行模拟试验研究，进行了冻结管在冻结和掘砌工作阶段受力的物理模拟试验研究，获得了冻结壁厚度与诸参数间的回归方程；指出冻结壁整体强度不够是冻结壁径向变形大、冻结压力大和冻结管断裂的主要原因；兰州冰川冻土研究所吴紫汪研究员等和淮南工业学院土建系郁楚候教授等也进行了中型的模型试验并取得了一些成果；周晓敏，梁洪振等则通过数值模拟和模型试验研究了地下水对冻结壁发展的影响规律。

1.2.2 冻结井筒支护理论发展

冻结法凿井，首先需要解决凿井过程力学问题，即凿井的临时支护问题，接着需要解决永久井壁支护问题。

冻结壁是临时支护，其支护的对象是围岩，包括岩土压力和水压。

井壁是永久支护，其永久支护的对象与冻结壁相同。但井壁还需要面临施工过程带来的变化，如冻结壁环境下的受力，即冻结压力。

井筒支护设计长期依靠于载荷结构法，支护载荷的计算成为传统冻结法凿井冻结壁和井壁设计的理论关键。

1.2.2.1 井筒支护载荷计算理论发展

外载荷是井筒支护设计的关键参数之一，正确计算外载荷是井筒支护设计合理的保证。目前主要有以下 3 种井筒支护载荷计算方法[12]：

A 按挡土墙理论公式计算

挡土墙理论公式又可以称为秦氏公式。秦巴列维奇在普氏公式的基础上于 1948 年提出分层计算，假设井筒周围每个岩层受破坏成滑动棱柱体，而将其覆盖层视为均布荷载作用于其上，此滑动棱柱体施于井壁的主动土压力即为井筒侧压力。

$$p_n = \sum \gamma_n h_n \tan^2 \left(45° - \frac{\varphi}{2} \right) \tag{1-1}$$

式中 p_n——某计算深度处岩层作用于井筒单位面积上的侧压力，MPa；

γ_n——各层岩层天然状态下的容重，kN/m^3；

h_n——各层岩层的厚度，m；

φ——某计算岩层的内摩擦角，（°）。

与普氏公式相比，式（1-1）给定的侧压力系数相应加大，等于无形中考虑到一点地下水的影响，但是没有考虑地层中的水压力因素。式（1-1）适用于不含或弱含水的砂层及黏土层。

B 按悬浮体理论计算

在计算含水层地压时，苏联的索柯洛夫提出了由秦氏公式演变的悬浮体地压公式。

$$p_n = \left(\sum \gamma_n h_n + \sum \gamma_n' h_n' \right) \tan^2 \left(45° - \frac{\varphi}{2} \right) + \gamma_0 H_n \qquad (1\text{-}2)$$

式中　$\sum \gamma_n h_n$——地下水位以上各岩层容重与层厚乘积之总和，MPa；

$\qquad \sum \gamma_n' h_n'$——地下水位以下计算深度以上各岩层悬浮容重与厚度乘积之总和，MPa；

$\qquad \gamma_0$——水容重，kN/m³；

$\qquad H_n$——某计算深度处岩层的承压水柱高度，m。

岩层的悬浮容重可根据下式确定：

$$\gamma_n' = \frac{\gamma_b + \gamma_0}{1 + \varepsilon} \qquad (1\text{-}3)$$

式中　γ_b——土层干容重，kN/m³；

$\qquad \varepsilon$——土层孔隙比。

式（1-3）虽然在理论上比较严密，但是涉及的参数较多，而且欠缺准确性（主要是难以获得原状土的土工试验资料），容易造成计算的结果与实际存在一定误差。

C　经验公式

$$p_n = 0.013H \qquad (1\text{-}4)$$

式中　H——冲积层内最下部的含水层埋深，m。

此经验公式（1-4）其实就是重液公式。当地下水位与地表接近，同时把土层的混合容重近似取值为 1.3 倍水的容重，悬浮理论公式就可演变成重液公式，此公式由德国人摩尔首次提出，在表土流砂层多的井筒普遍适用，安全可靠。但近年来实测的数字表明，重液公式中地压与深度呈正比例增加，呈三角形分布的规律与实测数据有一定的差别。

对于表土层地压的计算，上述三种计算公式都适用。但对于不含水的基岩段，三种公式的计算结果会明显不合理，因为根据现有深度的井筒施工的实例，对衬砌的作用压力都很小，特别是强度高，整体性好的岩层更是如此。而对于含水的基岩段，必须考虑到静水压力，而总压力该如何计算，却找不到合适的计算公式。若按照现行《煤矿冻结法开凿立井工程技术规范》、《煤矿立井及硐室设计规范》和《简明建井工程手册》中的设计说明，即采用重液公式计算，则会发现计算的结果用于设计时明显偏大。

井壁设计和施工将直接影响矿井的建设成本、建井工期及矿井投产后的生产安全，因此井壁设计和施工一直是矿山行业关注的重点和热点。随着冻结法凿井技术的不断进步，冻结井壁结构形式和设计理论也不断完善。

1.2.2.2　冻结壁厚度计算公式

井筒冻结壁厚度设计理论尚没有统一认识，纵观冻结法凿井 130 多年的历史，其按力学原理可划分为以下 3 个阶段[12~20]。

A　弹性冻结壁设计阶段

这一阶段，井筒冻结深度较浅，在 100m 以内，设计圆形冻结壁时，把冻结壁看成弹性体。此阶段冻结壁厚度按弹性力学的厚壁圆筒理论设计，代表公式为无限长厚壁圆筒设计公式——拉麦公式[21]。

$$Th = r_1 \left(\sqrt{\frac{[\sigma]}{[\sigma] - \zeta_i p_0}} - 1 \right) \qquad (1-5)$$

式中　Th——冻结壁厚度，m；

　　　r_1——井筒掘进荒径或冻结壁内径，m；

　　　$[\sigma]$——冻结壁许用抗压强度，MPa；

　　　p_0——冻结壁外缘水平载荷，MPa；

　　　ζ_i——按强度理论选择相关的常数，第三强度理论时选 2，第四强度理论时选 $\sqrt{3}$。

拉麦公式的缺点是没有考虑到围岩和冻结壁的相互作用，因此采用拉麦公式设计的冻结壁厚度会过于保守，增加工程造价。

B　弹塑性冻结壁设计阶段

这一阶段，冲积层冻结深度超过 100m，使用拉麦公式设计冻结壁厚度已经不太合适。因为随着深度增加，按拉麦公式设计的冻结壁厚度也急剧增加，或者是施工成本难以支撑，或者是工艺上出现的不合理因素，降低冻结壁厚度已经成为客观要求，因此冻结壁从保守的弹性设计方法进入到弹塑性设计阶段，即降低冻结壁安全性要求，允许在冻结管布置圈径以内的冻土进入塑性状态。据此，德国的多姆克（Domke）教授（1915 年）提出了无限长厚壁圆筒的弹塑性设计公式[22]。

$$Th = r_1 \left[\zeta_j \left(\frac{p_0}{\sigma_t} \right) + \eta_i \left(\frac{p_0}{\sigma_t} \right)^2 \right] \qquad (1-6)$$

式中　σ_t——与冻结壁暴露时间相适应的长时强度，MPa；

　　　ζ_j——按强度理论选择相关的常数，第三强度理论时选 0.29，第四强度理论时选 0.56；

　　　η_i——按强度理论选择相关的常数，第三强度理论时选 2.3，第四强度理论时选 1.33。

多姆克公式（1-6）存在明显缺陷，因为随着冻结深度的增加，冻结管可能会出现偏斜，导致进入塑性状态的冻土范围无法确定，进而无法保证冻结壁厚度设计的可靠性。

C　冻结壁施工变形控制设计阶段

随着冲积层厚度的进一步增加，冻结壁的强度及稳定性问题也更为突出，以牺牲冻结壁安全性为代价来减薄冻结壁厚度的多姆克公式逐渐力所不逮。多姆克公式忽略了掘进段高的影响和冻土的流变性、强度对温度的敏感性，导致计算结果过分安全以致在深部冻结壁厚度计算中无法应用。这一时期冻结壁变形开始增大，蠕变特性也开始显露，加之冻结管断裂事故频繁发生，学者们便开始研究基于施工段变形控制的有限段高设计理论。20世纪60年代初期，维亚诺夫、扎列斯基等通过对冻土蠕变的研究的模拟试验，发现由于冻土具有很强的流变性，使得在冻结壁未破坏前，冻结壁的变形就可能导致冻结管断裂[23]，而在国内外的冻结法凿井工程中冻结管断裂事故时有发生，详见表1-3。

表1-3 国内外冻结井冻结管断裂案例

国家	矿井名称	冻结深度 /m	断管位置 /m	断管数量 /个	事故影响
比利时	侯太灵二号井	600	359		重新冻结
波兰	留宾铜矿 L-1 号井	365		33	淹井
前苏联	扎波罗兹矿一矿南风井	300 ~ 425		33	冻结管全部断裂
德国	灰克瑟立井井筒		188	14	
中国	潘三东风井	415	250 ~ 322	22	
中国	芦岭副井	135	88 ~ 98	7	淹井
中国	芦岭西风井	240	170 ~ 190	15	
中国	东荣三号煤矿风井				

里别尔曼、维亚诺夫考虑冻土的流变特性，按有限长厚壁圆筒得出了各自的冻结壁厚度计算公式。

$$Th = \frac{p_0}{\sigma_t} h K \tag{1-7}$$

式中　h——掘进段高，m；

　　　K——安全系数，取 1.1 ~ 1.2。

$$Th = \sqrt{3}\, \chi \frac{p_0 h}{\sigma_t} \tag{1-8}$$

式中　χ——冻结壁上下端固定系数，当井内未冻实时，认为冻结壁在段高上端固定，下端不固定，$\chi = 1$；当井内冻实时，认为冻结壁在段高上下端都固定，$\chi = 0.5$。

维亚诺夫等提出的有限段高蠕变冻结壁设计公式适用于表土冻结。岩石和表土的性质不同，存在蠕变区别；此外，在高压下，岩石的蠕变情况也会有所不同，因此采用有限段高蠕变冻结壁设计公式进行高水压基岩段冻结壁设计也不是一个太好的选择。

1.2.2.3 国内冻结井壁结构发展历史

我国冻结井壁随冻结深度的增加而不断改进，经历了从单层井壁到双层井壁，再到带夹层的复合井壁的发展过程[24~27]。

第一阶段，1955 年至 60 年代中期。这一阶段，井筒冻结深度较浅，小于 200m，冻结井壁多采用单层钢筋混凝土或素混凝土井壁支护，混凝土标号为 C15~C25。这一阶段井筒经常出现漏水情况，尤其是所需冻结的表土层超过 100m 后，漏水量可达 148m³/h，主要原因是单层井壁接茬太多，在施工过程中由于接茬部位混凝土振捣不密实，井壁降温时收缩导致在接茬斜面上产生微裂缝，成为地下水的通道。大部分井筒通过壁内注浆成功堵水，但也有部分井筒注浆效果有限，只能采取套壁堵水，造成井筒净直径变小。

第二阶段，20 世纪 60 年代中期到 70 年代。这一阶段，井筒穿越的冲积层大于 200m，工程实践发现单层井壁已不能满足工程要求，1964 年从邢台主、副井开始，改单层为双层钢筋混凝土支护形式，同时认识到冻结压力是一种不可忽视的临时荷载。在设计上，以外壁抵抗冻结压力，用双层井壁来共同承担永久地压，混凝土标号也提高到 C40。使用双层井壁结构，井筒漏水现象得到一定程度的缓解，但没有实现根除，原因是没有准确定位内壁作为永久支护而外壁作为临时支护，没有考虑静水压对内壁的作用，也没有认识到温度应力对内壁产生的影响。

第三阶段，20 世纪 70 年代末至今。这一阶段，为了解决采用双层井壁结构的井筒漏水问题，两淮矿区提出了一种新型井壁结构，内、外壁间铺设塑料薄板夹层以防井筒漏水。这一阶段井壁设计采用分层计算，内壁承受静水压力，混凝土标号提高到 C50；外壁承受最大冻结压力。采用塑料夹层双层井壁之后，效果显著。在此期间，两淮地区的部分生产矿井出现严重的井壁破坏现象，当时业界普遍认为表土层底含水层水头下降造成地层压缩沉降是井筒破坏的主因，季节性温度应力和冻结壁冻融固结是诱因。针对以上破坏原因，通过对现场大量实测和室内试验，对深井冻结井壁结构形式进行了改进，在内外壁之间铺设沥青板夹层，并在冻土与外壁间加上一层泡沫塑料板，以起到减少竖向附加力和温度应力的作用，实践效果较为理想。因此带夹层的复合井壁广泛应用于我国冻结深井中。

随着井筒冻结深度的进一步加深，带夹层的复合井壁设计越来越厚，混凝土强度等级也要求越来越高，见表 1-4。

表 1-4　西部地区部分冻结立井井壁设计参数统计　　　（m）

井筒名称	井筒净直径	冻结深度	内壁厚度	外壁厚度	混凝土最高标号
新上海一号主井	6.0	538	0.45 ~ 0.9	0.35	C60
新上海一号副井	8.0	561	0.55 ~ 0.9	0.35	C55
胡家河主井	6.5	461	0.6	0.35	C55
胡家河副井	8.5	510	0.7	0.4	C65
胡家河回风井	7.0	560	0.6	0.35	C65
巴拉素主井	9.6	610	0.6 ~ 1.55	0.6	C70
巴拉素副井	10.5	558	0.6 ~ 1.50	0.6	C70
纳林河二号副井	10.5	600	0.7 ~ 1.8	0.65 ~ 0.7	C70
大海则副井	10	710	0.65 ~ 1.8	0.5	C70
大海则主井	9.6	710	0.6 ~ 1.75	0.5	C70

井壁设计过厚，相当于扩大井筒荒径，会增加冻结钻孔和井筒掘砌工作量，从而增加工程造价。此外，高强度等级的混凝土制备要求更高，许多井筒现场施工条件有限，无法保证混凝土质量达标。为了减薄井壁厚度，降低混凝土标号，东部有的冻结井筒采用了短砌中套混凝土井壁结构，西部有的冻结井筒采用新型单层井壁结构。山东邱集煤矿副井成功应用了短砌中套混凝土井壁结构[28]，取消了塑料夹层，减薄了井壁厚度，但没有在全国得到推广应用。这是因为这种井壁结构形式需要先分段掘砌外壁，然后在每段外壁掘砌之后施工小壁座或壁圈，再立即向上套内壁，增加了套壁次数，工序较复杂，无法加快施工进度。内蒙古葫芦素煤矿副井采用了新型单层井壁[29]，大大减薄了井壁厚度，由于井壁接茬问题和以往的单层井壁一样没有得到根本解决，导致冻结壁解冻后井壁漏水，因此实际效果并不理想。

1.2.2.4　国外冻结井壁结构发展历史

国外冻结井壁结构随井筒冻结深度的增加而不断变化，大致经历了以下三个阶段[30~33]。

第一阶段，20世纪以前，该时期冻结法凿井施工的井筒深度较浅，需要冻结的表土层厚度在100m以内，井壁结构以砖或混凝土预制块为砌体、壁后进行注浆的单层井壁为主。

第二阶段，20世纪初至50年代，该时期井筒冻结的表土层厚度已经超过200m，考虑到承载性能和抗渗性能的要求，国外开始采用复合井壁结构，外壁多为砌块，内壁用现浇混凝土、钢筋混凝土或者钢板混凝土，内外壁之间设置沥青夹层或塑料夹层，之后出现了钢板作为夹层的复合井壁。该时期复合井壁结构以前苏联的丘宾筒复合井壁为代表，丘宾筒通常设置在内壁的内缘，起到承载和充当立模的作用，在内外壁之间铺设塑料板，德国在该时期也经常选用这种井壁结构。

第三阶段，20 世纪 50 年代以后至今，随着表土层冻结深度进一步增加，考虑到回采井筒附近的煤柱对井壁产生的影响，地层弯曲变形以及不均匀外载对井壁承载性能的进一步要求，德国研发了柔性滑动复合井壁（"AV"型井壁）取代了传统的丘宾筒复合井壁，并成功应用于矿山井筒工程实践，成为德国冻结深度在 400m 以内的冻结井壁标准形式。

1.2.2.5 冻结井壁设计理论

截至 2017 年，煤矿井筒设计的主要依据是最新发布实施的《煤矿立井井筒及硐室设计规范》（GB 50384—2016）[34]。该规范依据现行国家标准《混凝土结构设计规范》（GB 50010）[35]，结合矿井建设的具体特点而制定的；该规范在 3.0.1 中，规定了井型及相应的井壁结构重要性系数，在第 6 节井筒支护中提供了 5 大工法的井壁厚度、壁座及结构设计的基本方法和计算公式，其中井壁厚度计算公式就是弹性力学中的拉麦公式，不同的工法井壁设计的主要差异在于表土段与基岩等不同条件下，在载荷标准值 p_k 计算方法和安全系数 ν_k 这两方面上存在差异。

$$th = r_0 \left(\sqrt{\frac{f_s}{f_s - 2p}} - 1 \right) \tag{1-9}$$

式中　　p——井壁载荷设计值，MPa，$p = \nu_k p_k$，其中 ν_k 为结构安全系数，在规范[34]表 3.0.2 中选取；

f_s——混凝土设计强度，当井壁为素混凝土时 $f_s = 0.85 f_c$，当井壁为钢筋混凝土时 $f_s = 0.9(f_c + \rho_{min} f'_y)$。

其中　　f_c——混凝土轴心抗压强度，MPa；

ρ_{min}——井壁圆环截面积最小配筋率；

f'_y——钢筋抗压强度设计值，MPa。

规范[34]存在的局限如下：

（1）决定井壁厚度设计的荷载标准值存在很大随意性，例如，是按秦氏公式还是按修正秦氏公式来计算，需要选定哪个层位为坚硬岩层，这样可降低载荷的标准值；还有侧压力系数，最大值是均值的 1.21～1.82 倍，主观来选取，差异性会很大，导致载荷标准值的确定科学性差。

（2）井壁设计只是涉及井壁强度和围岩的内摩擦角 2 个材料参数（因素）；而稍有力学常识即可认定，影响井壁厚度设计的基本力学参数（因素）至少有 5 个，应包括井壁材料的强度、弹性模量和泊松比 E，μ（或者压缩模量和剪切模

量 K，G），围岩的弹性模量和泊松比；而目前的拉麦公式计算只需 2 个参数，公式过于简单化就会缺乏基本的科学性。

（3）基岩段井壁设计未能考虑水渗流和水压的影响。

（4）规范[34]中提供的类比法设计参数表适用于净直径小于等于 8m 的井筒，井筒深度小于 600m。

西部基岩含水层埋藏深、水头高，若照搬现行煤矿井筒设计规范[34]进行设计时，井壁过厚，内层井壁厚度甚至达到 1.8m，且混凝土标号要求较高，部分达 C70（详见表 1-4），这些都增加了工程造价和施工风险。此外，我国现行规范[34]只适用于井筒深度小于 600m、直径小于 8m 的情况，而西部地区井筒的净直径一般都在 8m 以上，最大可达 10m 以上，部分井筒的深度达 1000m 以上，因此直接用规范[34]进行西部冻结井筒设计显然极不合理。

2009 年周晓敏教授等考虑围岩与井壁的相互作用，基于弹性平面应变模型，提出了包神公式[36,37]：

$$th = r_0 \left(\sqrt{\frac{\alpha[\sigma]}{\beta[\sigma] - \zeta_i p_\infty}} - 1 \right) \tag{1-10}$$

式中　α，β——围岩、井壁剪切模量和泊松比的函数：

$$\alpha = 1 - \frac{G_2}{G_1}, \quad \beta = \frac{G_2}{G_1}(1 - 2\mu_1) + 1 \tag{1-11}$$

式中　G_1——井壁的剪切模量，MPa；

　　　G_2——围岩的剪切模量，MPa；

　　　μ_1——井壁的泊松比。

包神公式（1-10）具有以下特征：

（1）统一性：当围岩剪切模量为 0 时，即退化成拉麦公式，从而统一了冲积层和基岩衬砌设计公式，统一了有水和无水条件，统一了冻结壁和混凝土井壁设计公式。

（2）科学性：公式既简单又丰富，揭示了围岩、水、井壁相互作用的基本原理。

（3）技术性：公式明示了降低井壁厚度的途径，即可通过匹配围岩与井壁材料之间的剪切模量来实现，而不仅仅是通过提高井壁材料的强度。

（4）结构定量性：力学模型的假设条件要求井壁和围岩一体化，并提供了围岩和井壁的径向受力定量分析公式，为井壁增设径向钢筋提供了理论依据，从而能有效提高井筒承载能力和安全性。

现有的井壁设计理论，无论是现行规范[34]给出的拉麦公式还是考虑围岩与井壁相互作用的包神公式，都是基于平面弹性永久支护设计的，都没有考虑冻结井筒施工工艺对临时支护（冻结壁与外壁）的影响，如何更好地进行冻结井筒井壁设计和优化，需要进一步研究，以便形成西部高水压基岩段井壁设计理论。

1.2.3 冻结法凿井在西部建井工程的应用

随着国家西部大开发战略的进一步实施，我国建井工程的重心转移到了西部，由于特殊的工程地质条件和水文地质条件，冻结法凿井成为西部建井工程的首选工法。而随着西部新建井筒深度的增加，冻结法凿井也面临许多新的挑战。

1.2.3.1 西部建井环境概述

根据矿井检查孔资料，西部矿山井筒穿越的地层以白垩系和侏罗系基岩为主，上覆的第四系和第三系冲积层厚度普遍较薄（一般在 30m 以内）[38]。而 20世纪，我国在中、东部的建井工程主要穿越的地层为第四系和第三系的深厚冲积层。

由于西部地区特殊的成岩环境和沉积过程，形成了白垩系和侏罗系以砂岩、泥岩为主的软岩地层。西部软岩具有如下特性[39,40]：

（1）大部分属于泥质胶结，强度不高，在 30MPa 以内。

（2）遇水明显软化，强度急剧下降，有的出现遇水泥化现象。

（3）易风化，强度降低明显。

（4）孔隙、裂隙发育。

1.2.3.2 西部冻结工程特点

与 20 世纪我国中、东部地区冻结工程相比，西部冻结工程具有独特的特点。

表 1-5 说明西部地区与中、东部地区的冻结工程，在冻结地层、冻结壁设计要求、冻结关注重点、冻结方案和冻结深度等方面都存在较大差异。中、东部地区冻结主要对象为黏土层，黏土冻结后强度低，此外黏土具有蠕变特性和冻胀特性，工程实践中常常出现冻结壁变形过大导致冻结管断裂事故，因此中、东部地区冻结壁设计需要满足强度和厚度的要求。与中、东部表土冻结不一样，一方面西部软岩冻结后形成的冻结壁具有一定强度，而围岩本身也具备一定强度，并且西部地区冻结软岩的流变性很小，冻胀现象也不明显；另一方面，西部地区地下水赋存复杂，软岩孔隙裂隙发育含水，且局部出现地下水流速过大的情况，因此西部冻结壁设计以满足封水要求为主。目前无论是设计规范[34]或是工程经验，针对水压都是采用折减系数法，而折减系数的取值没有规定，具有很大随意性，不同的设计人员会选取不同折减系数。因此，合理处理水荷载是西部冻结井壁设计亟待解决的问题。

表 1-5　西部与中、东部冻结工程比较

比较内容	西 部 地 区	中、东部地区
冻结地层	主要为白垩系、侏罗系软岩	主要为第四系冲积层
冻结壁设计要求	自身具有一定强度，厚度一般达到封水要求即可	需要满足强度要求和厚度要求
冻结关注重点	冻结壁封水	冻结壁变形、冻结管安全
冻结方案	一次冻全深	差异冻结
冻结深度	超过井筒深度 20m 左右	穿过基岩风化带

1.2.3.3　冻结条件下岩石物理力学性能研究

西部地区主要冻结对象为白垩系和侏罗系岩层，因此有必要对冻结条件下岩石物理力学性能进行研究。

岩石是赋存于自然界中的十分复杂的介质，它是在地球物理及化学过程作用下，经过漫长的地质历史，形成具有一定强度和结构的矿物集合体；而土即第四系沉积层，是地表的岩石，经物理化学风化、剥蚀成岩屑、黏土矿物及化学溶解物质，又经搬运、沉积而成的沉积物[41]。近些年来，科研工作者们对寒区岩土工程的研究大多都集中到了冻土力学上[42]。到目前为止，国内外有关冻结岩石的物理力学性质及其相关理论研究的成果并不多[43]。

国外方面，20 世纪 60 年代以来 Winkler[44]、Kosrtomtiinov[45]、Inada[46]、Kenji[47]、Yamabe[48]、Park[49]、Goriaev[50]、Misnik[51]、Mekrasov[52] 等专家学者选取不同岩样，通过冻结实验手段，主要研究了温度、水分对特定种类岩石的热力学参数、强度、变形性能等的影响规律以及冻融循环下岩石的破坏规律：岩体的弹性模量、抗拉强度、抗压强度、导热系数与冻结温度成反比关系，即随冻结温度的降低而增大；岩体的比热容和膨胀系数与冻结温度成正比关系，即随冻结温度的降低而减小；此外，冻结温度越低、外荷载越大，岩体产生的冻胀力也越大。

国内方面，西安科技大学杨更社等[53]选取煤岩和砂岩进行了不同围压和不同温度下的冻结岩石力学试验，推导了含温度因子的冻结岩石非线性破坏准则；尹楠等[54]通过试验对比华东、西北地区冻结岩土的物理力学性能，得出白垩系、侏罗系地层岩石具有导热系数大、比热小、冻胀率小等特点；单仁亮等[55]针对红砂岩进行了冻结条件下的物理力学试验，试验表明围压和温度对于冻结岩石的力学特性有很明显的影响；朱杰等[56]针对内蒙古泊江海子矿白垩纪地层中的砂岩和泥岩进行了不同温度下的三轴压缩试验，研究分析了白垩纪地层软岩在不同低温和围压下的力学特性和规律；李宁[57]研究发现冻结对裂隙的低周疲劳特性影响较小，而裂隙对砂岩的疲劳损伤特性有很大影响；杨更社[58]和张全胜[59]等利用 CT 设备对冻结岩石进行扫描，分析了冻结温度、冻结速率对岩石损伤的影响；张继周[60]和刘成禹[61]等通过循环冻融实验方法，研究岩石在冻融条件下的损伤劣化机制和相应的力学特性发现：岩石冻融损伤劣化模式受多种因素影响，低温冻融循环对花岗岩质量影响不明显，对其强度、刚度及泊松比影响较大。

目前实验室里对冻结岩石力学研究主要是在单轴受力状态下进行的，但实际岩石是处于三向受力状态的，这方面的研究非常少。另外，冻结温度对冻结岩石物理力学性能的影响规律研究也不够。

1.2.4 大体积混凝土温度场及温度应力研究现状

冻结井筒的永久支护目前主要以钢筋混凝土为主，随着井筒深度增加，井壁厚度越来越厚，已经达到和超过国际上大多数国家关于大体积混凝土施工的技术界限。大体积混凝土施工的一个关键技术就是温度裂纹的控制。

目前国际上针对大体积混凝土没有统一的定义，各国行业规范针对大体积混凝土都有自己的定义[62]，见表1-6。

表 1-6   不同国家对大体积混凝土的定义

国家	规范或标准	定义
中国	《大体积混凝土施工规范》（GB 50496—2009）	混凝土结构实体最小几何尺寸不小于1m的大体量混凝土，或预计会因混凝土中胶凝材料水化引起的温度变化和收缩而导致有害裂缝产生的混凝土
日本	"建筑协会标准"（JASS5）	凡是混凝土结构实体超过80cm厚，由于受温度及收缩作用，温度应力比外荷载大得多，温度应力起控制作用，称为大体积混凝土
美国	"混凝土协会标准"（ACI 207）	混凝土结构实体尺寸足够大，要求必须对其采取控制措施，控制由于温度及收缩作用引起裂缝的混凝土，称为大体积混凝土

从表1-6中国、日本、美国对大体积混凝土定义可以看出，都有三个关键词：一是尺寸，二是温度变化及收缩作用，三是裂缝。不同尺寸、材料配比、施工环境下，混凝土的温度变化是不一样的，因此目前针对大体积混凝土的相关研究还不够细致。

混凝土结构浇筑后，由于温度变化产生的变形受到约束便会在结构内部产生应力，即温度应力。当混凝土降温时，温度应力表现为拉应力，若大于自身抗拉强度，结构就容易出现温度裂缝，从而导致混凝土开裂，因此大体积混凝土结构的温度应力研究一直是土木行业关注和研究的重点之一。

20世纪30年代，美国最先揭开大体积混凝土结构温度应力和温度场问题研究的序幕，此后越来越多的专家和学者开始投入研究。早期的研究工作主要集中在大体积混凝土设计和温度控制防裂等施工技术方面；到了20世纪60年代，由于计算机的发展，美国E. L. Wilson等[63]研究人员开始借助有限元数值计算进行大体积混凝土温度应力分析；美国P. R. Barrett等[64]学者采用三维温度应力计算软件 ANACAP，计算了一个高为 24.4m（80 英尺）的碾压混凝土模型坝的温度应力；Gustaf Westman[65]基于一种新的高性能混凝土蠕变模型研究了混凝土的蠕变及其对温度应力的影响，W. Srisoros 等[66]基于刚体弹簧元法提出了一种考虑时间和应变历史的混凝土凝固的本构模型，并通过数值计算和室内试验对模型的合理性进行了验证，结果表明该模型可用于混凝土开裂行为的应力和应变分析；J. K. Kim 等[67]提出了一种温度应力测量装置——通过测量试验装置金属外框的应变，可以反算出混凝土的温度应力，从而不再需要考虑混凝土弹性模量随龄期的变化，M. N. Amin 等[68,69]则基于 J. K. Kim 等人提出的温度应力测量装置进行了室内试验和数值计算验证，结果表明通过改变约束框架的热膨胀系数和横截面积，可以实现混凝土各种约束条件下的温度应力测量；F. Sheibany 等[70]对伊朗 Karaj 混凝土拱坝的温度场和温度应力进行了三维有限元数值计算，分析发现拱坝下游表面裂纹区域与下游表面温度最高的区域一致，说明与自重、流体静载荷相比，温度应力对拱坝下游裂缝的产生影响更为显著；S. Wu 等[71]利用 ANSYS 有限元程序模拟计算了早期混凝土的温度场和温度应力场，并分析了水化热、环境温度、风速、收缩和长高比对挪威的马氏体涵洞结构中混凝土墙体开裂风险的影响；G. D. Schutter[72]以混凝土水泥水化程度为基本参数，借助有限元数值模拟研究了混凝土早期开裂问题；R. D. Borst 等[73]提出了一种基于 smeared 的数值模型，模拟早期混凝土热应变、蠕变和剪切开裂的特征规律；J. H. Yeon 等[74]利用一种称为不渗透非应力气缸（INC）的装置进行了一系列现场实验，研究了硬化混凝土中热膨胀系数随时间的变化规律，结果表明混凝土热膨胀系数随时间变化的影响是不可忽略的，它对准确评估混凝土早期开裂具有重要意义；A. Borghesi 等[75]基于有限元法模拟了不同环境条件下混凝土结构的应力应变情况，同时研究了外部温度的季节性和日间温度变化对混凝土坝应力应变的影响，并提出正确预估温度应力对结构的正确设计很重要；L. Y. Li 等[76]提出了一种基于考虑瞬态应变的应力－应变－温度模型，通过数值计算表明，在混凝土加热的早期阶段，瞬态应变影响不大，但是随着时间的增加，忽略瞬时应变对计算结果的影响就会越来越大；E. Mirambell 等[77]提出了一个预测温度和温度应力分布的解析模型，将分析模型的结果与其他作者的实验结果进行比较，研究了截面形状、垂直和横向温差对混凝土箱梁桥的热响应和应力分布的影响；V. Janoo 等[78]研发了一种热应力测试装置，可用于恒载、循环加载以及不同降温速率下的温度应力测试，并研究了寒冷地区沥青混凝土路面不同的失效标准和测试方法；B. Emborg[79]基于黏弹性理论建立了应变软化模型，研究了桥墩混凝土水化过程中早期温度应力的变化规律；K. K. Jin[80]开发了一种三维有限元程序，用于管道冷却系统的混凝土结构水化热分析，计算结果与韩国 Seo-Hae 桥铺设混凝土基础的实测数据比较吻合；Emborg[81]、Bernander[82]和 Eun-Ik Yang[83]等专家开始关注混凝土的早期开裂行为，对混凝土水化热产生的温度裂缝进行机理分析和研究；此外，日本和苏联等各国科研人员也针对大体积混凝土温度场分析计算获得一系列研究成果[84~89]。

我国针对大体积混凝土的温度应力及温度控制问题的研究工作起步较晚，直至 20 世纪 50 年代才开始展开。国内研究成果主要集中在水利工程现浇混凝土早期裂缝与控制问题上，朱伯芳、潘家铮等院士[90~93]提出了大体积混凝土温度控制分析的一整套理论，并把理论成果运用到混凝土基础梁、浇筑块、重力坝和拱坝等实际工程的温度应力计算中；王铁梦[94]则系统地分析和研究了大体积混凝土的温度裂缝问题，推导了混凝土收缩预测计算公式，同时还针对是否设置伸缩缝进行了理论分析。我国学者在混凝土温度场和温度应力有限元数值计算方面也取得了大量的研究成果，朱伯芳[95]通过分析施工过程和温度变化对大坝混凝土应力状态的影响，提出了扩网并层算法；陈尧隆等[96]研究了混凝土的物理力学参数随龄期变化和分层浇筑对坝体温度应力的影响，提出了三维有限元浮动网格法；黄达海[97]研究了碾压混凝土的发热特性与施工工艺，提出了波函数法；刘宁等[98]综合考虑了气温、库水等外界温度因素及混凝土热力学参数的随机性，提出了大体积混凝土结构温度场复频响应函数——随机有限元法；梅明荣等[99]考虑了混凝土在浇筑过程中相应的外边界的改变，研发了大体积混凝土结构的二维、三维有限元仿真分析软件（TCSAP）。

在冻结井筒中温度场及温度应力研究方面，王衍森等[100]通过对巨野矿区的龙固煤矿副井施工期间冻结壁与外层井壁的温度场进行现场实测，研究了深厚冲积层中外层井壁与冻结壁温度场变化的基本规律以及外层井壁混凝土水化热温度场对冻结壁温度场的影响规律；付厚利[101]深入研究了深厚表土层中冻结壁解冻过程中井壁竖直附加力的变化规律；早在 20 世纪 70 年代末，孙文若[102]就指出温度应力会引起井壁裂缝的产生，从而影响井壁的整体性；经来旺等[103~105]基于热力学原理，研究了解冻期间井筒井壁的应力场分布规律，并提出温度因素才是导致井壁破裂的根本原因；刘金龙等[106,107]基于弹性理论，推导得到了立井内外壁温度差引起的温度应力解答，得出了考虑温度应力影响的规范设计修正公式；陆军[108]从物理学中的热胀性原理及热传递理论入手，推导了温度应力的解析公式，认为设定安全系数时必须考虑温度应力；张红亚[109]采用 ANSYS 结构热力学有限元分析探讨了冻结井筒井壁混凝土浇筑期间温度场和应力场的变化及分布规律；孙钦帅[110]依据现场实测数据，分析了外壁竖向钢筋应力与温度的关系；张涛[111]利用 ADINA 分析了冻结井筒内壁的早期温度场和温度应力，得出了温度应力的变化规律。这些研究大部分集中在冻结井筒运行期间的温度应力分析，计算时都假定初始温度场是均匀的，这与井筒实测温度场[112,1113]不符，从而导致计算结果会有偏差；其中针对井壁早期温度应力研究较少，都是利用数值模拟进行分析，并没有从计算理论上深入分析井壁浇筑时期产生早期温度应力的分布规律和影响因素。

上述国内外研究涉及井筒井壁大体积混凝土温度应力的较少，而且不够深入。在冻结法施工的井筒中，井壁的温度场会受到冻结的影响，产生的温度应力会对井壁变形破坏造成较大影响，因此有必要针对高水压基岩段冻结法施工的井壁温度场和温度应力进行深入研究。

1.2.5　目前研究存在的问题

我国冻结法凿井已经发展了 60 多年，获得了一系列的理论成果，也积累了许多工程经验，但在西部建井施工过程中依然存在一些问题需要解决。

（1）冻结壁设计理论方面：随着冻结法凿井重心由中、东部转入西部，主要冻结地层从第四系的表土层变成了白垩系和侏罗系的基岩段，冻结壁的物理力学性能将发生很大的变化，特别是冻结壁的强度，若继续参考现行规范或者中、东部表土冻结壁的设计经验，那么西部基岩段冻结壁设计值过厚将无法满足工程造价、工期进度的要求；此外，为保证井筒施工安全，需要对冻结壁进行安全评价，但目前并没有形成完善的冻结壁安全评价方法；因此针对基岩段冻结壁设计理论滞后于工程实践的现状，急需建立满足实际工程需要的基岩段冻结壁设计理论和安全评价体系。

（2）井壁设计理论方面：目前西部冻结井筒普遍设计为带夹层的复合井壁结构，现行规范继续沿用载荷结构法设计，未能合理确定井壁外载荷，只能简单地利用"折减系数"法计算水载荷，没有考虑井壁与围岩相互作用，井壁设计选取参数过于单一；减薄井壁厚度，降低混凝土强度标号，在满足工程安全要求的同时又减少工程造价和加快工程进度，是目前西部高水压冻结基岩段井壁优化设计需要解决的关键问题。

（3）井壁温度应力方面：大体积井壁浇筑混凝土期间温度变化大，特别是在降温过程中会产生温度拉应力，使井壁面临产生原生裂纹的风险，影响井壁耐久性；随着冻结井筒深度的增加，井壁混凝土设计越来越厚，标号越来越高，浇筑期间温度变化越来越大，温度应力对井壁耐久性的影响也将会越来越大，而目前有关井壁浇筑期间温度应力的研究较少，特别是缺少针对冻结井筒短掘长套的施工工艺以及特殊的施工环境下温度应力产生的机理、计算方法以及控制方法研究，因此有必要迅速开展冻结井筒大体积混凝土井壁浇筑期间温度应力研究。

1.3　本书主要研究内容

本书基于国内外关于冻结法凿井技术发展，冻结井筒支护理论，冻结法凿井在我国西部建井工程的应用现状，大体积混凝土温度场及温度应力等研究进展，主要进行了以下内容的研究：

（1）基于施工过程的临时支护力学模型和安全分析。回顾传统冻结壁力学模型的发展过程，开展冻结壁弹塑性力学分析，建立基于施工过程的冻结壁有限段高力学模型；结合理论推导和有限元数值计算，研究冻结壁应力场和位移场分布规律以及冻结壁内边界应力和位移的影响因素，探究临时支护设计及安全性评价方法。

（2）基于冻结施工过程的井壁温度场及井壁温度应力分析。分析冻结井筒套壁施工过程环境温度，建立套壁过程的温度场发展模型，利用现场实测温度数据研究冻结井筒井壁温度场发展规律，并进行温度场有限元反演分析；研究井壁早期温度应力的产生机理，建立基于冻结井筒套壁施工过程的井壁早期温度应力计算模型，分析井壁早期温度应力和应变规律，开展井壁温度应力的影响因子分析。

（3）基于温度场和应力场耦合作用下高水压基岩段井壁设计研究。建立温度场、应力场耦合作用下的高水压基岩段冻结立井井壁永久支护的力学模型，分析复杂应力叠加后的井壁应力场和位移场分布规律，研究高水压基岩段冻结立井井壁设计公式及其应用。

（4）工程实测分析及理论应用。依据工程现场实测分析冻结立井井壁施工过程的应力场和位移场分布和发展规律，建立冻结立井井壁基于施工过程的有限元数值研究模型，进行数值计算与实测对比，研究深冻结立井井壁温度应力的防治应对措施。

2 高水压基岩段冻结立井临时支护力学分析

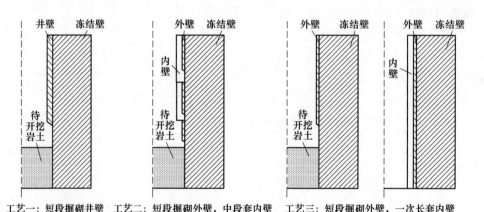

在冻结井筒施工过程中冻结壁和外壁属于临时支护，其中冻结壁设计直接关系到冻结法凿井的成败，而目前西部冻结法凿井施工中冻结壁厚度设计计算尚没有统一认识，冻结壁安全性评价方法没有建立，井筒外壁厚度设计没有理论支撑。本章将建立基于施工过程的冻结壁力学模型，借助有限元数值计算主要研究冻结壁厚度设计、冻结壁安全性评价方法和井筒外壁设计厚度等问题，为当前急需解决的高水压基岩段冻结立井短掘短砌外壁支护设计和施工安全提供力学理论基础。

2.1 冻结法凿井施工工艺

冻结法凿井，借助于冻结壁的临时支护，一般可采用三种凿井施工工艺流程，如图 2-1 所示。

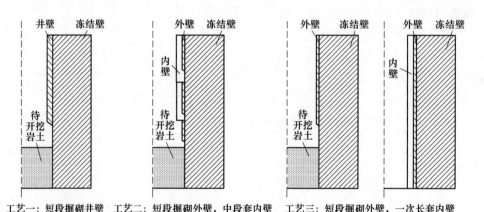

工艺一：短段掘砌井壁　　工艺二：短段掘砌外壁，中段套内壁　　工艺三：短段掘砌外壁，一次长套内壁

图 2-1　冻结井筒凿井三种主要施工工艺流程示意图

第一种是"短掘短砌"施工工艺（见图 2-1 中的工艺一）：依靠冻结壁临时支护的保护，进行井筒开挖，每开挖一定段高后进行永久井壁支护；由于冻结壁温度的不稳定性，随着凿井深度的增加，施工段高逐渐缩小到 2～5m。短掘短砌工艺简单，井壁一次成型，但井壁接茬较多，防水性能差。

第二种是"短掘中套"施工工艺（见图 2-1 中的工艺二）：将井壁分解成内外两层，外壁短掘短砌，施工每进尺 30~100m，套浇内壁。短掘中套施工工艺能够充分利用外层井壁，加强凿井期间的临时支护，提高施工安全性，同时内外壁形成整体，形成永久支护。该工艺的优点是能控制冻结壁变形，同时又提高井壁整体性和防水性能，但施工连续性不好，增加了井筒积极冻结期的持续时间，不利于节约建井成本和缩短建井工期。

第三种是"短掘长套"施工工艺（见图 2-1 中的工艺三）：井筒施工过程中，井壁同样分解成内外两层，外层井壁随着井筒短段掘砌完成，施工段高一般为 2~5m；内层井壁一般自下而上一次浇筑完成，但也有少数井筒分两次浇筑完成。短掘长套工艺的特点，内壁自下而上一次浇筑，减少了接茬，井壁抗渗性好，同时施工作业连续性好，加快了施工进度。

目前西部井筒建设广泛采用短掘长套施工工艺，本书正是针对这一施工工艺开展高水压基岩段支护力学理论分析。在短掘长套施工工艺下，内壁是在外壁掘砌到井底后一次浇筑成型，因此作为永久支护的内壁设计，出于对井筒长期运营安全考虑，应该采用较为保守的平面应变模型进行力学分析；而外壁在冻结壁保护下进行短掘短砌施工，因此研究作为临时支护的外壁力学状态，需要先对冻结壁进行力学分析。冻结壁作为临时支护，在设计上也应该基于保守的平面应变模型进行分析，而随着井筒深度的增加，平面应变模型的保守性如何，则还应进行短掘长套施工工艺下有限段高冻结壁力学模型分析。

2.2 冻结壁力学模型分析

目前，关于冻结壁力学分析主要有两类模型：一类是平面应变模型，可进行弹性、弹塑性、全塑性分析；另一类是有限段高模型，主要基于施工工艺对冻结壁径向位移的影响，从而进行力学分析。

2.2.1 传统平面应变弹塑性力学模型

如图 2-2 所示，传统平面应变模型是基于弹塑性力学中的无限长厚壁圆筒理论建立的，适合于早期矿山冻结深度较浅，井筒一次掘进到井底，再砌筑井壁的情况。

2.2.1.1 传统弹性平面应变模型

图 2-2（a）为传统的冻结壁弹性平面应变模型，模型的基本假设：冻结壁为等厚均质不随深度变化，冻结壁内缘 $r=r_1$ 处不受力，外缘 $r=r_2$ 处受到水平地应力 p 作用。其应力场表达式为：

$$\sigma_r = -\frac{r_2^2}{r_2^2-r_1^2}\left(1-\frac{r_1^2}{r^2}\right)p, \quad \sigma_\theta = -\frac{r_2^2}{r_2^2-r_1^2}\left(1+\frac{r_1^2}{r^2}\right)p \qquad (2-1)$$

式中　σ_r——冻结壁径向应力；

　　　σ_θ——冻结壁环向应力；

　　　p——水平地应力。

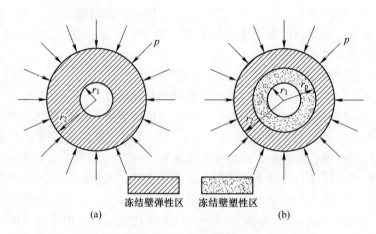

冻结壁弹性区　　冻结壁塑性区

(a)　　　　　　　　　　　(b)

图 2-2　传统冻结壁弹塑性平面应变模型

(a) 冻结壁弹性平面应变模型；(b) 冻结壁塑性平面应变模型

从式（2-1）可以看出，基于传统的冻结壁弹性平面应变模型进行力学分析得到的应力场分布规律与冻结壁的力学参数无关，仅与冻结壁的几何参数和冻结壁外荷载有关。

目前"煤矿立井井筒及硐室设计规范"（GB 50384—2016）[34] 中井壁厚度拟定公式——拉麦公式就是基于弹性平面应变模型推导的。我国中、东部早期冻结法凿井的冻结壁厚度都是基于拉麦公式设计的，施工过程都较为顺利。这一时期，井筒冻结冲积层较浅，拉麦公式的保守性并未完全显现。事实上，随着冻结深度的增加，利用拉麦公式设计的冻结壁厚度会急剧增加。

针对表土冻结，冻结壁外荷载一般使用重液公式计算，即：

$$p = 0.013H \tag{2-2}$$

式中　H——计算层深度。

假设冻结壁许用强度为 7MPa，依据拉麦公式可得冻结壁内、外缘半径之比与冻结深度的关系式（2-3）：

$$\frac{r_2}{r_1} = \sqrt{\frac{7}{7 - 0.026H}} \tag{2-3}$$

由此得到冻结壁外、内缘半径的比值随冻结深度变化的发展曲线如图 2-3 所示。从图 2-3 可以看出，冻结深度 200m 以内，冻结壁厚度增长正常，冻结壁外缘半径小于内缘半径的 2 倍；当冻结深度超过 267m 时，冻结壁厚度将呈几何级数递增。如冻结深度为 267m 时，冻结壁外缘半径为内缘半径的 10.99 倍；当冻结深度为 269m 时，冻结壁外缘半径为内缘半径的 34.2 倍，当冻结深度到了 269.2m 时，冻结壁外缘半径为内缘半径的为 93.54 倍。如果井筒的荒半径为 5m，则冻结深度为 269.2m 时，冻结壁厚度将达到 462.7m，这显然不合理。

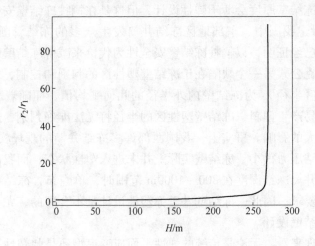

图 2-3　拉麦公式设计冻结壁外、内缘半径的比值随深度增加的变化曲线

2.2.1.2　传统弹塑性平面应变模型

随着冻结深度的增加，拉麦公式的局限性开始凸显，设计人员依据拉麦公式将逐渐得不到工程可以接受的冻结壁厚度。因此，有部分学者开始考虑基于弹塑性平面应变模型来设计冻结壁厚度，模型如图 2-2（b）所示。模型认为冻结壁靠近内缘部分进入塑性状态，假设冻结壁塑性区半径为 r_p，其余基本假设和弹性平面应变模型相似。弹塑性平面应变模型中冻结壁应力场表达式为：

$$\sigma_{pr}(r) = \frac{B}{A-1}\left[\left(\frac{r}{r_1}\right)^{A-1} - 1\right], \quad \sigma_{p\theta}(r) = \frac{AB}{A-1}\left[\left(\frac{r}{r_1}\right)^{A-1} - 1\right] + B \quad (2\text{-}4)$$

式中　σ_{pr}，$\sigma_{p\theta}$——冻结壁弹性区的径向和环向应力；

　　　　A，B——屈服条件 $\sigma_\theta = A\sigma_r + B$ 的参数，依据屈服准则取值。

$$\begin{cases} \sigma_{er} = \dfrac{r_p^2}{r_2^2 - r_p^2}\dfrac{B}{A-1}\left[\left(\dfrac{r_p}{r_1}\right)^{A-1} - 1\right]\left(\dfrac{r_2^2}{r^2} - 1\right) - \dfrac{r_2^2}{r_2^2 - r_p^2}\left(1 - \dfrac{r_p^2}{r^2}\right)p \\[4mm] \sigma_{e\theta} = -\dfrac{r_p^2}{r_2^2 - r_p^2}\dfrac{B}{A-1}\left[\left(\dfrac{r_p}{r_1}\right)^{A-1} - 1\right]\left(\dfrac{r_2^2}{r^2} + 1\right) - \dfrac{r_2^2}{r_2^2 - r_p^2}\left(1 + \dfrac{r_p^2}{r^2}\right)p \end{cases} \quad (2\text{-}5)$$

式中　σ_{er}，$\sigma_{e\theta}$——冻结壁弹性区的径向和环向应力。

从式（2-4）和式（2-5）可以看出，基于传统的冻结壁弹塑性平面应变模型进行力学分析得到的应力场分布规律也与冻结壁的力学参数无关，仅与冻结壁的几何参数、冻结壁外荷载有关。

　　德国学者多姆克基于冻结管布置圈径以内的冻土进入塑性状态的假设,采用弹塑性平面应变模型推导了多姆克公式,此后甚至还有学者基于全塑性理论进行了冻结壁力学分析,并提出了全塑性的冻结壁设计公式。理论上,基于弹塑性或者塑性设计的冻结壁厚度会薄于弹性设计,但这是在牺牲冻结壁安全性为前提条件的,而 20 世纪我国中、东部地区冻结井筒发生众多的冻结管断裂和冻结壁、井壁破坏事故已经证明,以牺牲冻结壁安全性为代价来减薄冻结壁厚度是极其不合理的;多姆克公式另一个缺陷在于冻结壁塑性区的判别和控制,多姆克公式假设冻结壁塑性区半径 r_p 为冻结壁内外半径的几何平均值,而随着冻结深度的增加,冻结孔极易产生偏斜,冻结壁塑性区的半径将无法准确判别,这将会对冻结壁安全产生很大的影响。事实上,我国西部许多冻结井筒的现场实测数据表明,井壁受到的冻结压力很小,冻结壁实际上并未进入塑性状态;而我国西部冻结井筒实践表明,井筒冻结深度在 800 ~ 1000m 范围时,单圈布置冻结壁厚度 4 ~ 6m 能够满足安全要求。因此,冻结壁基于弹塑性设计是不合理的,尤其是针对我国西部基岩段冻结壁设计。

　　从力学原理来看,无论是传统的弹性平面应变模型还是弹塑性平面应变模型都忽略冻结壁与围岩的相互作用,选取的冻结壁外荷载过大,导致冻结壁内缘的环向应力偏大,从而导致设计的冻结壁偏厚,冻结壁力学分析不应该忽略冻结壁与围岩的相互作用。

2.2.2　传统有限段高力学模型

　　随着立井井筒冻结深度的进一步加深,冻结管断裂和外层井壁破坏的事故较多,学者们认为其主要原因是在井筒施工期间冻结壁出现较大变形,因此转而开始研究基于施工段变形控制的冻结壁有限段高设计理论,采用的模型如图 2-4 所示。

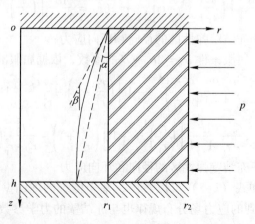

图 2-4　传统冻结壁有限段高力学模型

图 2-4 所示的冻结壁有限段高力学模型依然没有把围岩纳入分析范畴，因此从力学原理来看，冻结壁应力分布依然与围岩的力学参数无关，仅与冻结壁的几何参数、冻结壁外荷载有关。

里别尔曼公式和维亚洛夫利用图 2-4 所示的冻结壁力学模型，推导了各自的有限段高冻结壁厚度设计公式。其中采用的假设主要有：冻结壁体积不变，即体应变为 $e=0$；冻结壁受到竖向约束，即竖向应变为 $\varepsilon_z=0$；引入冻结壁上下端固定系数 χ，当井内未冻实时，认为冻结壁在段高上端固定，下端不固定，$\chi=1$；当井内冻实时，认为冻结壁在段高上下端都固定，$\chi=0.5$。此外，还有一个最重要的假设是：冻结壁上下端的端点处径向位移的连线与竖直方向的夹角为 α，径向位移曲线的切线与竖直方向的夹角为 β，$\alpha=\beta$。

实际上，井筒施工过程中，冻结壁上下端的端点处径向位移的连线与竖直方向的夹角会小于径向位移曲线的切线与竖直方向的夹角，即 $\alpha<\beta$，因此维亚洛夫采用的这一假设是不合理的。

里别尔曼公式里除了冻结壁强度之外，没有其他冻结壁和围岩力学参数；维亚洛夫公式是基于冻结壁蠕变特性推导的，公式中有关冻结壁蠕变参数过于复杂，而相关试验数据也较为缺乏，这些都制约了其工程的实用性。

2.3 基于冻结壁与围岩相互作用的弹塑性力学模型分析

冻结壁采用塑性设计是不太合理的，但是冻结壁弹塑性平面应变力学模型分析，可以为冻结壁厚度设计的安全可靠度定量研究提供帮助。

2.3.1 基于冻结壁与围岩相互作用力学模型的建立

传统的冻结壁平面应变模型没有考虑冻结壁与围岩的相互作用，冻结壁外荷载的确定不合理。下面将依据包神衬砌理论，考虑冻结壁与围岩的相互作用，建立冻结壁平面应变弹塑性力学模型。

为了便于讨论求解，把冻结壁视为厚度相等的圆筒体。采用的基本假定如下：

（1）认为地层近似为水平层叠，地层初始水平径向应力各向均等，冻结壁受力和几何都是轴对称的。

（2）仅仅考虑冻结壁形成后整体受力的基本条件，不考虑冻结壁形成过程的力学模型，也不考虑围岩地层处于竖向位移过程中。

（3）由于井筒在轴向的尺寸较径向大得多，故冻结壁应力场可简化为平面应变问题，把求解域划分为冻结壁塑性区、冻结壁弹性区和围岩区三个区域，相关物理量分别用下标"p""1"和"2"以示区别。

（4）假设冻结壁塑性区（内半径为 r_1，外半径为 r_p）、冻结壁弹性区（内半

径为 r_p，外半径为 r_2）和围岩（内半径为 r_2，外半径为 $r_3 \rightarrow \infty$）都是各向同性的线弹性材料，并且认为两两之间属于完全接触，即接触面上的径向应力相等，径向位移也相等，且围岩在无限远处水平位移为零。

（5）假设水平方向初始应力为 $-p_\infty$，作用在冻结壁弹性区内缘的力为 p_p，作用在冻结壁弹性区外缘的力为 p_1。

基于上述假设条件，得到计算模型如图 2-5（a）所示。根据等效叠加原理，以冻结壁塑性区内缘（$r = r_p$）为界进行分解，将原模型（a）等效分解为（b）和（c）模型。

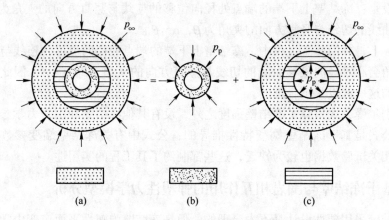

图 2-5   基于冻结壁与围岩的相互作用的弹塑性力学模型及等效分解模型
（a）围岩区；（b）冻结壁塑性区；（c）冻结壁弹性区

2.3.2   力学模型的解析

首先求解冻结壁塑性区的力学模型，如图 2-5（b）所示，把冻结壁塑性区内缘的边界条件和选择的屈服准则代入平衡微分方程便很容易求出冻结壁塑性区的应力解和位移解：

$$
\begin{cases}
\sigma_{pr}(r) = \dfrac{B}{A-1}\left[\left(\dfrac{r}{r_1}\right)^{A-1} - 1\right] \\[3mm]
\sigma_{p\theta}(r) = \dfrac{AB}{A-1}\left[\left(\dfrac{r}{r_1}\right)^{A-1} - 1\right] + B \\[3mm]
u_p(r) = \dfrac{r_p^2}{2G_1}\dfrac{1}{r}\left[2(1-\mu_1)\dfrac{(p_p-p_1)r_1^2}{r_1^2-r_p^2} - (1-2\mu_1)p_p\right]
\end{cases}
\tag{2-6}
$$

式中 A，B——屈服条件 $\sigma_\theta = A\sigma_r + B$ 的参数，具体取值见表 2-1；

$\quad\quad$ p_p——冻结壁塑性区的外荷载；

$\quad\quad$ p_1——冻结壁弹性区的外荷载。

$$p_p = -\frac{B}{A-1}\left[\left(\frac{r_p}{r_1}\right)^{A-1}-1\right], \quad p_1 = p_p + m(p_\infty - \beta p_p)\left(\frac{r_2^2}{r_p^2}-1\right) \quad (2\text{-}7)$$

其中，$\alpha = 1 - \dfrac{G_2}{G_1}$，$\beta = \dfrac{G_2}{G_1}(1-2\mu_1)+1$，$m = \dfrac{r_p^2}{\beta r_2^2 - \alpha r_p^2}$，$G_1$，$G_2$ 分别为冻结壁和围岩的剪切模量，μ_1 为冻结壁的泊松比，p_∞ 为围岩无穷远处的水平初始地应力。

表 2-1　不同屈服准则下 A、B 的值

屈服准则	A 值	B 值
Tresca	1	$-\sigma_c$
Von Mises	1	$-2\sigma_c/\sqrt{3}$
Mohr-Coulomb	$(1+\sin\varphi)/(1-\sin\varphi)$	$-2C\cos\varphi/(1-\sin\varphi)$
Drucker-Prager	$(1+3\alpha)/(1-3\alpha)$	$-2k/(1-3\alpha)$
广义 Tresca	$(1+2\sqrt{3}\alpha)/(1-2\sqrt{3}\alpha)$	$-4k/(\sqrt{3}-6\alpha)$

注：$\alpha = \sin\varphi / \sqrt{9+3\sin^2\varphi}$，$k = \sqrt{3}C\cos\varphi / \sqrt{3+\sin^2\varphi}$，其中 σ_c 为冻土的单轴抗压强度；φ 为冻土的内摩擦角；C 为冻土的内聚力。

当选用 Tresca 和 Von Mises 屈服准则时，$A=1$，此时冻结壁塑性区应力场表达式变为：

$$\begin{cases}\sigma_{pr}(r) = B\ln\dfrac{r}{r_1} \\[2mm] \sigma_{p\theta}(r) = B\left(\ln\dfrac{r}{r_1}+1\right)\end{cases} \quad (2\text{-}8)$$

此时，p_p 则变为：

$$p_p = -B\ln(r_p - r_1) \quad (2\text{-}9)$$

由文献 [36] 的弹性平面应变分析结果，很容易得到模型（c）的解：

$$\begin{cases}\sigma_{1r}(r) = -m(p_\infty - \beta p_p)\left(\dfrac{r_2^2}{r_p^2}-\dfrac{r_2^2}{r^2}\right)-p_p \\[3mm] \sigma_{1\theta}(r) = -m(p_\infty - \beta p_p)\left(\dfrac{r_2^2}{r_p^2}+\dfrac{r_2^2}{r^2}\right)-p_p \\[3mm] u_1(r) = -\dfrac{m}{2G_1}r\left[\dfrac{r_2^2}{r^2}(p_\infty - \beta p_p)+\dfrac{\beta-1}{1-\alpha}\left(\dfrac{r_2^2}{r_p^2}p_\infty - \alpha p_p\right)\right]\end{cases} \quad (2\text{-}10)$$

$$\begin{cases}\sigma_{2r}(r) = \left[m(\beta p_p - p_\infty)\left(\dfrac{r_2^2}{r_p^2}-1\right)+p_\infty - p_p\right]\dfrac{r_2^2}{r^2}-p_\infty \\[3mm] \sigma_{2\theta}(r) = -\left[m(\beta p_p - p_\infty)\left(\dfrac{r_2^2}{r_p^2}-1\right)+(p_\infty - p_p)\right]\dfrac{r_2^2}{r^2}-p_\infty \\[3mm] u_2(r) = \dfrac{1}{2G_2}\dfrac{r_2^2}{r}\left[m(p_\infty - \beta p_p)\left(\dfrac{r_2^2}{r_p^2}-1\right)-(p_\infty - p_p)\right]\end{cases} \quad (2\text{-}11)$$

式中 σ_{1r}，$\sigma_{1\theta}$，u_1——冻结壁弹性区的径向、环向应力和径向位移；

σ_{2r}，$\sigma_{2\theta}$，u_2——围岩区的径向、环向应力和径向位移。

2.3.3 冻结壁塑性区半径的求解

在 $r = r_p$ 处即冻结壁弹、塑性区交界处，满足屈服条件，因此把式（2-10）冻结壁弹性区的径向应力和环向应力表达式代入屈服条件即可得有关 r_p 的方程。

$$\begin{cases} r_p = r_1 e^{\frac{1}{2}\frac{\alpha}{\beta}\frac{r_1^2}{r_2^2} - \frac{p_\infty}{B\beta} - \frac{1}{2}} & (A=1) \\[3mm] r_p = r_1 \left(\dfrac{1 - \dfrac{A-1}{B\beta}p_\infty}{\dfrac{A+1}{2} - \dfrac{r_p^2}{r_2^2}\dfrac{\alpha}{\beta}\dfrac{A-1}{2}} \right)^{\frac{1}{A-1}} & (A \neq 1) \end{cases} \tag{2-12}$$

分析式（2-12），冻结壁塑性区大小与冻结壁的材料参数、水平初始应力和屈服条件参数有关。

令 $r_p = r_1$，由式（2-12）可得：

$$\frac{r_1^2}{r_2^2} - \frac{2p_\infty}{B\alpha} - \frac{\beta}{\alpha} = 0 \tag{2-13}$$

此时在冻结壁区内缘，即 $r = r_1$ 处，恰好刚刚进入塑性屈服状态。当已知冻结壁计算深度的水平地应力、井筒设计荒径、冻结壁材料参数时，即可选取合适的屈服准则利用式（2-13）反算出冻结壁临塑状态的厚度，可以作为判断冻结壁是否处于塑性状态的依据；同样，利用式（2-13）可以求出冻结壁进入临塑状态时的水平地应力，由此可以反算出临塑深度，因此式（2-13）可以作为冻结壁塑性状态的判别式。

表土冻结壁可以采用重液公式（2-14）计算永久地压，因此依据式（2-13）可以反算出冻结壁进入临塑状态所对应的地层深度 H_p 见式（2-15），当冻结深度大于 H_p、而冻结壁厚度不变时，冻结壁会出现塑性区。

$$p = 0.013H \tag{2-14}$$

$$H_p = \frac{B}{0.026}\left[\frac{r_1^2}{r_2^2}\left(1 - \frac{G_2}{G_1}\right) - \frac{G_2}{G_1}(1 - 2\mu_1) - 1 \right] \tag{2-15}$$

针对高水压基岩段冻结壁，水平地应力是基于自重应力场产生的，可利用式（2-16）计算永久地压；再依据式（2-16）可以反算出冻结壁进入临塑状态所对应的冻结壁外半径 r_2' 见式（2-17），在计算层位的冻结壁外半径小于 r_2' 时，冻结壁会出现塑性区。

$$p_\infty = \frac{\mu_2\gamma_a + (1 - 2\mu_2)\gamma_w}{1 - \mu_2}H - \gamma_w H_0 \tag{2-16}$$

$$r'_2 = r_1 \sqrt{\frac{1 - \dfrac{G_2}{G_1}}{1 + \dfrac{G_2}{G_1}(1 - 2\mu_1) + \dfrac{2}{B}\dfrac{\mu_2}{1 - \mu_2}\sum \gamma_n h_n}} \qquad (2\text{-}17)$$

式中　r'_2——冻结壁进入临壁状态所对应的冻结壁外径，m；

　　　γ_n——各层岩层天然状态下的容重，kN/m^3；

　　　h_n——各层岩层的厚度，m。

2.4　基于施工过程的冻结壁有限段高力学分析

　　如 2.1 节分析，采用冻结法凿井施工的井筒外壁施工工艺流程：在冻结壁的保护下进行一个段高的外壁掘砌，然后在上一段高砌筑完外壁后再进行本段高的开挖，紧接着再砌筑本段高的外壁，如此往复形成一个施工循环，直至施工到井筒底部。此时平面应变模型已经无法表示冻结壁的真实受力状态。里别尔曼和维亚洛夫等建立的有限段高模型，是基于冻土蠕变特性进行的冻结壁力学分析，分析过程中没有考虑到冻结壁与围岩的相互作用，推导的冻结壁设计公式涉及冻结壁的力学参数只有冻结壁的强度，没有考虑弹性模量、泊松比等其他参数。事实上，表土和岩石冻结后的力学性质相差很大，不考虑冻结壁自身材料力学特性进行厚度设计是不合理的。冻结壁设计的另一个关键问题是合理确定冻结壁外荷载，此前在中、东部地区普遍使用的是重液公式，但是现在针对基岩段冻结壁设计，重液公式已经不再适用。此外，西部冻结地层主要为白垩系和侏罗系的岩层，冻结后产生的变形极小，几乎很难被观测到，更何况蠕变变形，因此基于施工段高变形控制的有限段高公式无法设计出合理的基岩段冻结壁厚度。为了解决西部基岩段冻结壁设计问题，需要重新建立有限段高模型进行冻结壁力学分析。

2.4.1　新冻结壁有限段高力学模型分析

　　参考里别尔曼和维亚洛夫等学者建立的有限段高模型，基于周晓敏教授提出的包神衬砌设计理论，考虑冻结井筒短掘长套的施工工艺，并把围岩纳入考虑范围，建立如图 2-6 所示的新冻结壁有限段高力学模型。为了便于讨论求解，把冻结壁视为厚度相等的圆筒体，采用的假设如下：

　　（1）认为地层近似为水平层叠，冻结壁和围岩都是各向同性的线弹性材料，各区域受力和几何都对称于井筒中心，因此可以采用空间轴对称模型进行冻结壁力学分析。

　　（2）模型竖向取一个段高 h，模型水平方向分为冻结壁区和围岩区，相关物理量分别用下标"1"和"2"以示区别，其中井筒荒半径为 r_1，冻结壁外半径

为 r_2，围岩外半径为 r_3，沿井筒中心线设立 z 轴，沿模型上端水平方向设立 r 轴，建立空间轴对称柱坐标系。

（3）假设冻结壁与围岩属于完全接触，即接触面上的径向应力和切应力相等，径向位移也相等；模型上端受上部压力 p 作用，下端受到纵向约束，冻结壁内边界上下两端简支，围岩外边界受到纵向约束。

（4）依据已有的研究成果和工程经验，冻结壁内边界的径向位移沿段高呈近似二次抛物线分布，假设 $z = h_0$ 出现最大位移，$\left. \dfrac{\partial u_1}{\partial z} \right|_{z = h_0} = 0$。

（5）模型基于弹性理论分析，不考虑开挖速度，井筒内本段高的岩体瞬间被挖除，即冻结壁为一次暴露。

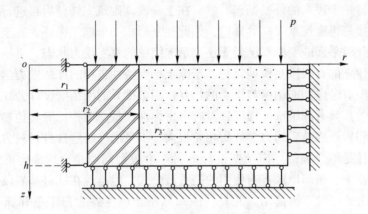

图 2-6　新冻结壁有限段高力学模型

假设 $\varphi_1 = \varphi_1(r, z)$ 和 $\varphi_2 = \varphi_2(r, z)$ 分别为冻结壁和围岩区的应力函数，满足相容方程：

$$\begin{cases} \nabla^4 \varphi_1 = 0 \\ \nabla^4 \varphi_2 = 0 \end{cases} \tag{2-18}$$

式中　∇^2——Laplace 算子，$\nabla^2 = \dfrac{\partial^2}{\partial r^2} + \dfrac{1}{r} \dfrac{\partial}{\partial r} + \dfrac{\partial^2}{\partial z^2}$。

则冻结壁和围岩区的应力分量可表示为：

$$\begin{cases} \sigma_{ir} = \dfrac{\partial}{\partial z} \left(\mu_i \nabla^2 \varphi_i - \dfrac{\partial^2 \varphi_i}{\partial r^2} \right), \ \sigma_{iz} = \dfrac{\partial}{\partial z} \left[(2 - \mu_i) \nabla^2 \varphi_i - \dfrac{\partial^2 \varphi_i}{\partial z^2} \right] \\ \sigma_{i\theta} = \dfrac{\partial}{\partial z} \left(\mu_i \nabla^2 \varphi_i - \dfrac{1}{r} \dfrac{\partial \varphi_i}{\partial r} \right), \ \tau_{izr} = \dfrac{\partial}{\partial r} \left[(1 - \mu_i) \nabla^2 \varphi_i - \dfrac{\partial^2 \varphi_i}{\partial z^2} \right] \end{cases}, \quad (i = 1, 2) \tag{2-19}$$

位移分量可表示为：

$$\begin{cases} u_i = -\dfrac{1}{2G_i}\dfrac{\partial^2 \varphi_i}{\partial z \partial r} \\ w_i = \dfrac{1}{2G_i}\left[2(1-\mu_i)\nabla^2 - \dfrac{\partial^2}{\partial z^2}\right]\varphi_i \end{cases}, \quad (i=1,2) \qquad (2\text{-}20)$$

如图 2-6 所示，边界条件如下：

$$\begin{cases} z=0, & \sigma_{1z}=\sigma_{2z}=-p, & \tau_{izr}=0 \\ z=h, & w_1=w_2=0 \\ r=r_1, & \sigma_{1r}=0, & \tau_{1zr}=0 \\ r=r_2, & \sigma_{1r}=\sigma_{2r}, & \tau_{1zr}=\tau_{2zr}, & u_1=u_2 \\ r=r_3, & u_2=0 \\ r=r_1, & z=0, & u_1=0 \\ r=r_1, & z=h, & u_1=0 \end{cases} \qquad (2\text{-}21)$$

把式（2-19）和式（2-20）代入边界条件（2-21）求解出冻结壁应力函数 $\varphi_1(r,z)$ 和围岩区应力函数 $\varphi_2(r,z)$，再依据式（2-19）和式（2-20）便可得到图 2-6 所示有限段高冻结壁力学模型的应力解析解和位移解析解。

然而，目前的研究成果中尚没有获得基于弹性分析的有限段高模型的解析解，这主要是因为有限段高冻结壁力学问题需要求解偏微分方程，而偏微分方程很难得到精确的解析解，只能借助数值方法求解出近似的数值解。

2.4.2　有限元数值计算分析

参考里别尔曼和维亚洛夫等学者建立的有限段高模型，基于周晓敏教授提出的包神衬砌设计理论，考虑冻结井筒短掘长套的施工工艺，并把围岩纳入考虑范围，建立如图 2-7 所示的冻结壁有限段高力学数值计算模型。为了便于讨论求解，把冻结壁视为厚度相等的圆筒体，采用的假设如下：

（1）认为地层近似为水平层叠，外层井壁、冻结壁、围岩都是各向同性的线弹性材料，各区域受力和几何都是对称于井筒中心的，因此模型采用轴对称空间力学模型。

（2）模型模拟 -540m 深度的一个段高施工，模型竖向取 50m，施工段以上 20m 的外层井壁砌筑完毕，模型水平取 70m，其中井筒荒半径为 6.8m，外层井壁厚度为 0.4m，冻结壁厚度为 5m，围岩厚度为 58.2m。

（3）假设外层井壁与冻结壁、冻结壁与围岩属于完全接触，即接触面上的径向应力和切应力相等，径向位移也相等，且围岩外边界水平位移为零。

（4）模型基于自重应力场和弹性理论计算，不考虑开挖速度，井筒内本段高的岩体瞬间被挖除，即冻结壁为一次暴露。

模型材料参数见表 2-2。

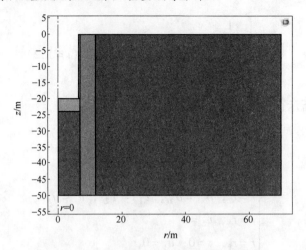

图 2-7　冻结壁有限段高力学数值计算模型

表 2-2　材料参数取值

名称	材料	密度/kg·m⁻³	弹性模量/GPa	泊松比	抗压强度/MPa
外层井壁	C50 混凝土	2400	34.5	0.19	50
冻结壁	−10℃砂质泥岩	2460	39.95	0.17	30.49
围岩	砂质泥岩	2460	28.79	0.26	24.69

2.4.2.1　应力分析

A　径向应力

如图 2-8 为施工段高开挖后的径向应力云图，从整体来看，径向应力呈非线性分布，在冻结壁开挖段的顶部和底部，由于边界效应存在应力集中现象，沿冻结壁施工段高截取 1/2 段高水平，径向应力的分布如图 2-9 所示。

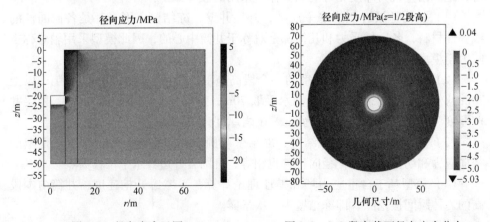

图 2-8　径向应力云图　　　　　　图 2-9　1/2 段高截面径向应力分布

图 2-10 为冻结壁径向应力随 r 发展的变化曲线图，冻结壁的径向应力表现为压应力，在径向方向上随 r 的增大而增大，与平面应变模型计算的径向应力分布规律一致。依据有限元数值计算结果图 2-10，可以拟合出径向应力 σ_r 与径向坐标 r 的关系，见表 2-3。

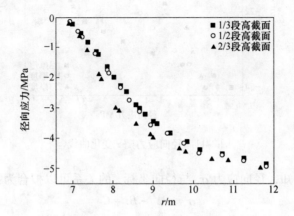

图 2-10 径向应力随 r 变化曲线

表 2-3 σ_r 与 r 的拟合表达式

位 置	拟合表达式	拟合度
1/3 段高	$\sigma_r = -7.912\left(1 - \dfrac{47.763}{r^2}\right)$	0.989
1/2 段高	$\sigma_r = -7.999\left(1 - \dfrac{47.358}{r^2}\right)$	0.987
2/3 段高	$\sigma_r = -8.150\left(1 - \dfrac{44.385}{r^2}\right)$	0.951

由表 2-3 可知，径向应力 σ_r 与径向坐标 r 的关系可以拟合为：

$$\sigma_r = B\left(1 - \frac{A}{r^2}\right) \tag{2-22}$$

图 2-11 为冻结壁径向应力随 z 的变化曲线图，在竖直方向上呈近似抛物线分布，峰值处于开挖段的 1/3 处左右；图 2-11 可以拟合出径向应力 σ_r 与纵向坐标 z 的关系，见表 2-4。

表 2-4 σ_r 与 z 的拟合表达式

位 置	拟合表达式	拟合度
1/3 厚度	$\sigma_r = -0.504z^2 - 21.781z - 237.979$	0.983
1/2 厚度	$\sigma_r = -0.175z^2 - 7.465z - 83.305$	0.962
2/3 厚度	$\sigma_r = -0.047z^2 - 1.888z - 23.414$	0.877

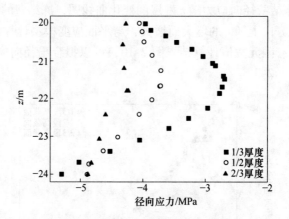

图 2-11　径向应力随 z 变化曲线

由表 2-4 可知，径向应力 σ_{r} 与径向坐标 z 的关系可以拟合为：

$$\sigma_{\mathrm{r}} = Az^2 + Bz + C \tag{2-23}$$

B　环向应力

如图 2-12 为施工段高开挖后的环向应力云图，从整体来看，环向应力也是呈非线性分布，沿冻结壁施工段高截取 1/2 段高水平，环向应力的分布如图 2-13 所示。

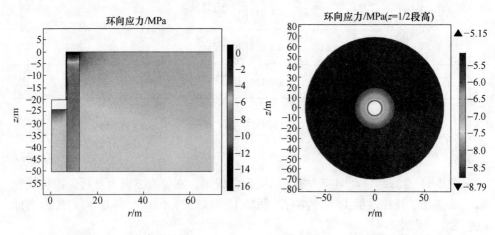

图 2-12　环向应力云图　　　　　　图 2-13　1/2 段高截面环向应力分布

图 2-14 为冻结壁环向应力随 r 的变化曲线图，冻结壁的环向应力表现为压应力，在径向方向上随 r 的增大而减小，与平面应变模型计算的径向应力分布规律一致。依据有限元数值计算结果图 2-14，可以拟合出径向应力 σ_{θ} 与径向坐标 r 的关系，见表 2-5。

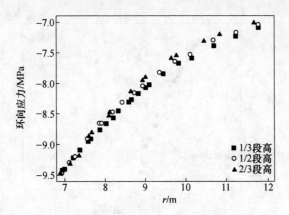

图 2-14 环向应力随 r 变化曲线

表 2-5 σ_θ 与 r 的拟合表达式

位　置	拟合表达式	拟合度
1/3 段高	$\sigma_\theta = -5.897\left(1 + \dfrac{29.594}{r^2}\right)$	0.996
1/2 段高	$\sigma_\theta = -5.739\left(1 + \dfrac{31.527}{r^2}\right)$	0.999
2/3 段高	$\sigma_\theta = -5.587\left(1 + \dfrac{33.707}{r^2}\right)$	0.998

由表 2-5 可知，径向应力 σ_θ 与径向坐标 r 的关系可以拟合为：

$$\sigma_\theta = B\left(1 + \frac{A}{r^2}\right) \tag{2-24}$$

图 2-15 为冻结壁环向应力随 z 的变化曲线图。在竖直方向上环向应力呈近似线性分布，随深度的增加而减小。依据有限元数值计算结果图 2-15，可以拟合出径向应力 σ_θ 与纵向坐标 z 的关系，见表 2-6。

表 2-6 σ_θ 与 z 的拟合表达式

位　置	拟合表达式	拟合度
1/3 厚度	$\sigma_\theta = -0.144z - 11.457$	0.986
1/2 厚度	$\sigma_\theta = -0.137z - 10.852$	0.998
2/3 厚度	$\sigma_\theta = -0.121z - 10.169$	0.989

由表 2-6 可知，环向应力 σ_θ 与径向坐标 z 的关系可以拟合为：

$$\sigma_\theta = Az + B \tag{2-25}$$

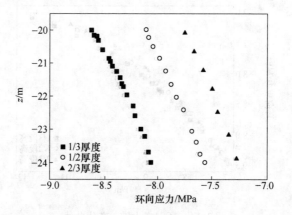

图 2-15　环向应力随 z 变化曲线

2.4.2.2　位移分析

图 2-16 为施工段高开挖后的径向位移云图，从整体来看，径向位移也是呈非线性分布，且径向位移也不大。沿冻结壁施工段高截取 1/2 段高水平，径向位移的分布如图 2-17 所示。

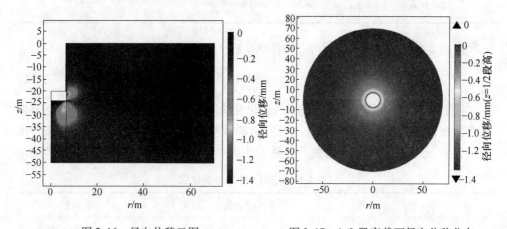

<table>
<tr><td style="text-align:center">图 2-16　径向位移云图</td><td style="text-align:center">图 2-17　1/2 段高截面径向位移分布</td></tr>
</table>

图 2-18 为冻结壁径向位移随 r 的变化曲线图，冻结壁向井内变形，最大位移出现在井壁内缘，在径向方向上的径向位移近似对数曲线分布，随 r 的增大而减小。依据有限元数值计算结果图 2-18，可以拟合出径向位移 u 与径向坐标 r 的关系，见表 2-7。

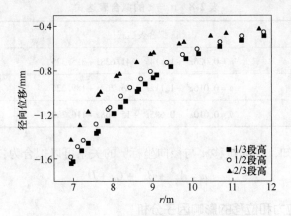

图 2-18   径向位移随 r 的变化曲线

表 2-7 u 与 r 的拟合表达式

位　置	拟合表达式	拟合度
1/3 段高	$u = 3.672\ln r - 0.028r^2 + 0.370r - 9.963$	0.999
1/2 段高	$u = 12.432\ln r + 0.021r^2 - 1.521r - 16.120$	0.999
2/3 段高	$u = 34.095\ln r + 0.147r^2 - 6.265r - 31.037$	0.999

由表 2-7 可知，径向位移 u 与径向坐标 r 的关系可以拟合为：

$$u = A\ln r + Br^2 + Cr + D \tag{2-26}$$

图 2-19 为冻结壁径向位移随 z 的变化曲线图。在竖直方向上径向位移呈近似三次函数曲线分布，随深度的增加而减小。依据有限元数值计算结果图 2-19，可以拟合出径向位移 u 与径向坐标 z 的关系，见表 2-8。

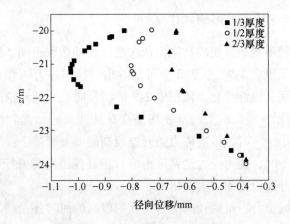

图 2-19   径向位移随 z 的变化曲线

表 2-8   *u* 与 *z* 的拟合表达式

位 置	拟合表达式	拟合度
1/3 段高	$u = 0.026z^3 + 1.814z^2 + 41.628z + 315.325$	0.997
1/2 段高	$u = 0.016z^3 + 1.112z^2 + 25.262z + 189.226$	0.998
2/3 段高	$u = 0.010z^3 + 0.695z^2 + 15.668z + 116.280$	0.998

由表 2-8 可知，径向位移 *u* 与径向坐标 *r* 的关系可以拟合为：

$$u = Az^3 + Bz^2 + Cz + D \tag{2-27}$$

2.4.3   冻结壁应力和位移的影响因子分析

依据上一节新有限段高冻结壁模型的有限元数值计算结果，可以对冻结壁径向应力和环向应力以及径向位移进行影响因子分析。影响因子主要有井筒开挖荒径、开挖段高、冻结壁厚度、冻结壁剪切模量、围岩剪切模量等。假设无量纲变量：

$$\zeta = \frac{h}{r_1}, \quad \xi = \frac{r_2 - r_1}{r_1}, \quad \varsigma = \frac{G_2}{G_1} \tag{2-28}$$

式中　ζ——开挖段高与开挖荒径之比；

ξ——冻结壁厚度与开挖荒径之比；

ς——围岩剪切模量与冻结壁剪切模量之比。

对各个参数因子进行赋值，进行有限元数值计算，选取冻结壁径向 1/3 厚度、竖向 1/3 段高处为参考点，分析各个参数因子对参考点的径向应力、环向应力和径向位移值的影响规律。

2.4.3.1   开挖段高的影响规律分析

固定开挖荒径不变，开挖段高取值依次变化，即选取不同 ζ 值，利用有限元数值计算得到结果见表 2-9。从表 2-9 可以看出，径向应力随着开挖段高与开挖荒径之比的增大呈非线性变化。依据表 2-9 绘制径向应力随开挖段高变化的散点图，如图 2-20 所示。径向应力与开挖段高变化曲线呈近似抛物线：当开挖段高与开挖荒径之比小于 1 时，径向应力随开挖段高的增大而减小；当开挖段高与开挖荒径之比等于 1 时，径向应力达到最小值；当开挖段高与开挖荒径之比大于 1 时，径向应力随开挖段高的增大而增大。

进行二次曲线拟合，得到径向应力与开挖段高的回归公式：

$$-\sigma_r = 1.56\zeta^2 - 3.14\zeta + 4.29 \tag{2-29}$$

表 2-9 不同 ζ 值有限元数值计算结果统计（$\xi=0.8$，$\varsigma=0.3$）

ζ	σ_r/ – MPa	σ_θ/ – MPa	u/ – mm
0.6	2.96	9.05	0.75
0.7	2.86	9.18	0.87
0.8	2.77	9.29	0.98
0.9	2.77	9.41	1.09
1.0	2.65	9.49	1.18
1.1	2.74	9.60	1.26
1.2	2.77	9.70	1.35

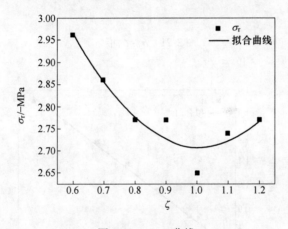

图 2-20 σ_r-ζ 曲线

从表 2-9 可以看出，环向应力随着开挖段高与开挖荒径之比的增大而增大。依据表 2-9 绘制环向应力随开挖段高变化的散点图，如图 2-21 所示。环向应力与开挖段高呈正比例函数关系，即开挖段高越大，冻结壁环向应力越大。

进行一次线性拟合，得到环向应力与开挖段高的回归公式：

$$-\sigma_\theta = 1.07\zeta + 8.43 \tag{2-30}$$

从表 2-9 可以看出，径向位移随着开挖段高与开挖荒径之比的增大而增大。依据表 2-9 绘制径向位移随开挖段高变化的散点图，如图 2-22 所示。径向位移与开挖段高呈正比例函数关系，即开挖段高越大，径向位移越大。

进行一次线性拟合，得到径向位移与开挖荒径之比的回归公式：

$$-u = 0.99\zeta + 0.18 \tag{2-31}$$

2.4.3.2 冻结壁厚度的影响规律分析

固定开挖荒径不变，冻结壁厚度取值依次变化，即选取不同 ξ 值，利用有限元数值计算得到结果，见表 2-10。

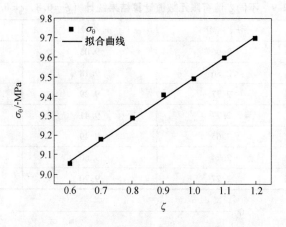

图 2-21　σ_θ-ζ 曲线

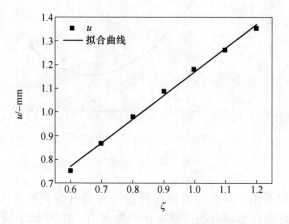

图 2-22　u-ζ 曲线

表 2-10　不同 ξ 值有限元数值计算结果统计（$\zeta=0.6$，$\varsigma=0.3$）

ξ	$\sigma_r/-\mathrm{MPa}$	$\sigma_\theta/-\mathrm{MPa}$	$u/-\mathrm{mm}$
0.8	2.96	9.05	0.75
0.9	2.94	8.95	0.72
1	2.90	8.87	0.71
1.1	2.95	8.82	0.69
1.2	2.85	8.73	0.67
1.3	2.84	8.67	0.66
1.4	2.88	8.62	0.65

从表2-10可以看出，径向应力随着冻结壁厚度与开挖荒径之比的增大呈非线性变化。依据表2-10绘制径向应力随冻结壁厚度与开挖荒径之比变化的散点图，如图2-23所示。冻结壁厚度与开挖荒径之比小于1.1时，径向应力随冻结壁厚度的增加而减小；冻结壁厚度与开挖荒径之比等于1.1时，径向应力变大；冻结壁厚度与开挖荒径之比大于1.1且小于1.3时，径向应力又出现随冻结壁厚度的增加而减小的规律；而冻结壁厚度与开挖荒径之比等于1.4时，径向应力又变大。但从整体来看，径向应力随冻结壁厚度的增加而逐渐减小。

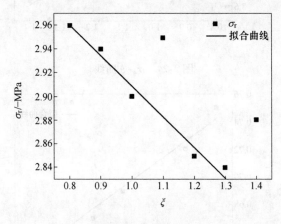

图2-23　σ_r-ξ曲线

进行一次线性拟合，得到径向应力与冻结壁厚度与开挖荒径之比的回归公式：

$$-\sigma_r = -0.26\xi + 3.17 \tag{2-32}$$

从表2-10可以看出，环向应力随着冻结壁厚度与开挖荒径之比的增大而减小。依据表2-10绘制环向应力随冻结壁厚度与开挖荒径之比变化的散点图，如图2-24所示。环向应力与冻结壁厚度呈反比例函数关系，即冻结壁厚度越大，冻结壁环向应力越小。

进行一次线性拟合，得到环向应力与冻结壁厚度与开挖荒径之比的回归公式：

$$-\sigma_\theta = -0.71\xi + 9.60 \tag{2-33}$$

从表2-10可以看出，径向位移随着冻结壁厚度与开挖荒径之比的增大而减小。依据表2-10绘制径向位移随冻结壁厚度变化的散点图，如图2-25所示。径向位移与冻结壁厚度呈反比例函数关系，即冻结壁厚度越大，径向位移越小。

进行一次线性拟合，得到径向位移与冻结壁厚度与开挖荒径之比的回归公式：

$$-u = -0.16\xi + 0.87 \tag{2-34}$$

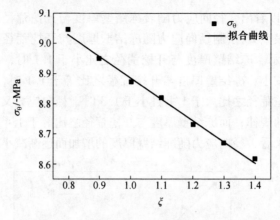

图 2-24　σ_θ - ξ 曲线

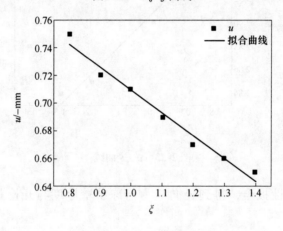

图 2-25　u-ξ 曲线

2.4.3.3　冻结壁剪切模量的影响规律分析

固定围岩剪切模量不变，冻结壁剪切模量取值依次变化，即选取不同 ς 值，利用有限元数值计算得到结果见表 2-11。

表 2-11　不同 ς 值有限元数值计算结果统计（$\zeta = 0.6$，$\xi = 0.8$）

ς	σ_r / – MPa	σ_θ / – MPa	u / – mm
0.3	2.96	9.05	0.75
0.4	2.80	7.96	1.06
0.5	2.66	7.14	1.36
0.6	2.55	6.50	1.65
0.7	2.45	5.98	1.93
0.8	2.35	5.55	2.21
0.9	2.27	5.19	2.47

从表 2-11 可以看出，径向应力随着围岩剪切模量与冻结壁剪切模量之比的增加而减小。依据表 2-11 绘制径向应力随围岩剪切模量与冻结壁剪切模量之比变化的散点图，如图 2-26 所示。径向应力随冻结壁剪切模量呈正比例函数关系，即冻结壁剪切模量越大，径向应力越大。进行一次线性拟合，得到径向应力与围岩剪切模量与冻结壁剪切模量之比的回归公式：

$$-\sigma_r = -1.14\zeta + 3.26 \tag{2-35}$$

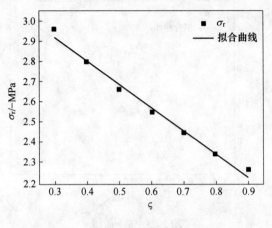

图 2-26　σ_r-ς 曲线

从表 2-11 可以看出，环向应力随着围岩剪切模量与冻结壁剪切模量之比的增大而减小。依据表 2-11 绘制环向应力随围岩剪切模量与冻结壁剪切模量之比变化的散点图，如图 2-27 所示。环向应力与冻结壁剪切模量呈正比例函数关系，即冻结壁剪切模量越大，冻结壁环向应力越大。

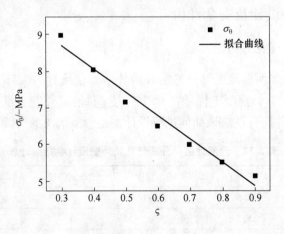

图 2-27　σ_θ-ς 曲线

进行一次线性拟合，得到环向应力与围岩剪切模量冻结壁剪切模量之比的回归公式：

$$-\sigma_\theta = -6.27\varsigma + 10.53 \tag{2-36}$$

从表2-11可以看出，径向位移随着围岩剪切模量与冻结壁剪切模量之比的增大而增大。依据表2-11绘制径向位移随围岩剪切模量与冻结壁剪切模量之比变化的散点图，如图2-28所示。

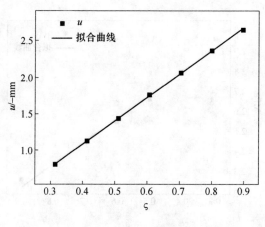

图 2-28　u-ς 曲线

径向位移与冻结壁剪切模量呈反比例函数关系，即冻结壁剪切模量越大，径向位移越小。进行一次线性拟合，径向位移围岩剪切模量与冻结壁剪切模量之比的回归公式：

$$-u = 2.87\varsigma - 0.09 \tag{2-37}$$

2.5　临时支护设计及安全评价

2.5.1　外壁设计理论分析

表2-12为我国西部地区部分冻结井筒外壁厚度统计，大部分冻结井筒的外壁厚度在0.5m左右，混凝土标号在C50左右。目前，外壁并没有成型的设计公式，工程中冻结井筒外壁应该如何进行设计，是急需解决的关键问题。

表 2-12　西部地区部分冻结井筒外壁设计参数统计表　　　　　　（m）

井筒名称	井筒净直径	冻结深度	外壁厚度	混凝土最高标号
高家堡主井	7.5	783	0.45	C50
高家堡副井	8.5	850	0.5	C50
高家堡风井	7.5	830	0.45	C50

井筒名称	井筒净直径	冻结深度	外壁厚度	混凝土最高标号
新庄副井	9.0	900	0.6 ~ 0.65	C60
新庄风井	7.5	910	0.5 ~ 0.55	C60
大海则主井	9.6	710	0.5	C50
大海则副井	10	710	0.5	C50
巴拉素主井	9.6	610	0.6	C50
营盘壕副井	10.0	805	0.4	C50

冻结井筒施工过程中，外壁是在冻结壁的保护下进行掘砌的。实际上，西部高水压基岩段的冻结壁是按平面应变弹性设计的，基本边界条件是冻结壁内缘自由不受力即冻结压力可认为极小，因此理论上可以认为外壁是不受外荷载的。基于上述分析，西部高水压基岩段冻结井筒的外壁实际上只需要满足稳固围岩表面或者防止发生落石碎渣要求即可，所以外壁厚度按照 0.4 ~ 0.5m 设计是合理的。

2.5.2 冻结壁安全评价

冻结壁如果进行弹塑性设计，也就是允许冻结壁部分进入塑性状态，则井帮可能出现变形加快、偏帮等现象，因此在井筒冻结施工过程中存在安全隐患。若冻结壁是基于弹性平面应变模型设计，则冻结壁的支护可以保证井筒施工环境处于安全可靠状态，理论上井筒可以不需要砌筑外壁而直接施工到井底再进行井壁砌筑。而井筒实际是采用有限段高施工，因此平面应变和有限段高之间存在多大的安全系数需要深入研究。

冻结壁的安全指标可以用冻结壁能抵抗地压的大小来衡量。冻结壁按弹性设计时，以冻结壁能承受理论最大外荷载与冻结壁实际外荷载的比值作为冻结壁设计安全系数，用 S 表示：

$$S = \frac{p_{1max}}{p_1} \tag{2-38}$$

式中　S——冻结壁设计安全系数，无量纲；

　　p_{1max}——冻结壁能承受的理论最大外荷载，MPa；

　　p_1——冻结壁实际外荷载，MPa。

冻结壁能承受的理论最大外荷载 p_{1max} 可利用拉麦公式反算，即：

$$p_{1max} = \frac{[\sigma]}{\zeta_i}\left(1 - \frac{r_1^2}{r_2^2}\right) \tag{2-39}$$

式中　$[\sigma]$——冻结壁许用抗压强度，MPa；

ζ_i——按强度理论选择相关的常数，第三强度理论时选 2，第四强度理论时选 $\sqrt{3}$。

冻结壁实际外荷载可采用包神衬砌理论计算：

$$p_1 = \frac{r_2^2 - r_1^2}{\beta r_2^2 - \alpha r_1^2} p_\infty \tag{2-40}$$

式中　α，β——与井壁、围岩有关的常数，$\alpha = 1 - \dfrac{G_2}{G_1}$，$\beta = \dfrac{G_2}{G_1}(1 - 2\mu_1) + 1$；

G_1，G_2——冻结壁和围岩的剪切模量；

μ_1——冻结壁的泊松比；

p_∞——围岩无穷远处的水平初始地应力。

针对高水压基岩冻结壁设计，依据有效应力原理，围岩无穷远处的水平初始地应力 p_∞ 的计算公式为：

$$p_\infty = p'_\infty + p_{\infty w} \tag{2-41}$$

式中　p'_∞——围岩无穷远处的水平初始有效应力，MPa；

$p_{\infty w}$——围岩无穷远处的静水压力，MPa。

围岩无穷远处的静水压力 $p_{\infty w}$ 的计算公式为：

$$p_{\infty w} = \gamma_w (H - H_0) \tag{2-42}$$

式中　γ_w——水的容重，kN/m³；

H——计算层深度，m；

H_0——计算层静水位标高，m。

假设围岩初始水平有效应力和垂直有效应力符合弹性理论的泊松比效应，则：

$$p'_\infty = \frac{\mu}{1 - \mu}[\gamma_a H - \gamma_w (H - H_0)] \tag{2-43}$$

式中　γ_a——上覆岩层的平均容重，kN/m³。

因此可以得到初始水平总应力计算公式：

$$p_\infty = \frac{1}{1 - \mu}[\gamma_a \mu H + \gamma_w (1 - 2\mu)(H - H_0)] \tag{2-44}$$

由式（2-39）、式（2-40）和式（2-44）可得到冻结壁安全系数 S 的计算公式：

$$S = \frac{[\sigma](1 - \mu_2)}{\zeta_i[\gamma_a \mu_2 H + \gamma_w (1 - 2\mu_2)(H - H_0)]} \left[\frac{G_2}{G_1}(1 - 2\mu_1) + 1 - \left(1 - \frac{G_2}{G_1}\right)\frac{r_1^2}{r_2^2} \right]$$

$$\tag{2-45}$$

依据表 2-13 取值，则可由式（2-45）计算冻结壁设计厚度的安全系数，计算结果见表 2-14，再依据计算结果绘制安全系数随冻结壁设计厚度变化的曲线如图 2-29 所示。

表 2-13 冻结壁设计安全系数计算参数表

r_1/m	G_1/MPa	G_2/MPa	μ_1	μ_2	γ_a/kN·m^{-3}	$[\sigma]$/MPa	H/m	H_0/m
6	17000	8000	0.23	0.32	24.5	18.53	−600	40

表 2-14 冻结壁设计安全系数计算结果统计表

Th/m	0.5	1	1.5	2	2.5	3	3.5	4
S	1.03	1.09	1.15	1.19	1.22	1.25	1.28	1.30

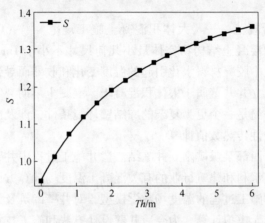

图 2-29 Th-S 曲线

由表 2-14 可知,当冻结壁厚度设计值为 4m 时,安全系数达到 1.3。从图 2-29 可以看出,安全系数随着冻结壁设计厚度的增大而增大,曲线为二次抛物线。

3 冻结法施工过程的
井壁温度场分析

《《《

  依据我国现行规范——《大体积混凝土施工规范》[62]（GB 50496—2009），大体积混凝土是指混凝土结构物实体最小几何尺寸不小于1m的大体量混凝土，或预计会因混凝土中胶凝材料水化引起的温度变化和收缩而导致有害裂缝产生的混凝土，显然矿山立井井壁属于大体积混凝土。混凝土早期裂纹控制的关键在于温度控制，冻结井筒是一个更为复杂的冻结壁环境条件，涉及冻土相变、水化热温升等复杂的非线性传热数值计算。

  本章依据我国西部某煤矿副立井冻结法凿井施工过程中井壁浇筑混凝土的实测温度数据，借鉴水利和建筑行业的有关混凝土温度场计算方面的成果，研究矿山立井井壁混凝土施工过程的温度场数学模型，对井壁砌筑及井筒停止冻结过程的温度场进行有限元模拟计算，为今后井壁设计方法和施工技术的改善进行基础性的探索。

  由于冻结井筒施工环境艰苦而且较为复杂，井壁和冻结壁温度测试工作开展较为不便，以当前的经济技术手段，无法做到分布式测温，只能通过现场布置的有限测点温度数据，结合有限元数值反演得到整个温度分布规律。

3.1 套壁过程的温度场变化计算模型

  冻结井筒内层井壁属于永久支护结构，在外壁保护下，通常采用按段高循环浇筑的倒模施工方法。依据冻结井筒套壁施工流程以及立井井筒的几何特征，可采用一个浇筑段高的空间轴对称传热模型分析冻结井筒套壁过程的温度场发展规律。以浇筑段高确定上下边界，径向内边界为井壁内缘，径向外边界取至围岩区温度变化很小的位置，经验估计约5倍以上的冻结壁厚的外径，建立如图3-1所示的二维轴对称几何模型：竖向取一个段高（$0 \leqslant z \leqslant h$），沿着径向划分成井壁（$r_0 \leqslant r \leqslant r_1$）、冻结壁（$r_1 \leqslant r \leqslant r_2$）和围岩区（$r_2 \leqslant r \leqslant r_3$）三大部分。

3.1.1 热传导微分方程

  考虑掘砌工艺过程，壁座内缘边界与空气接触，壁座外缘边界与冻结壁接触，壁座下边界与已浇筑的混凝土井壁接触，壁座上边界随施工进程由与空气接

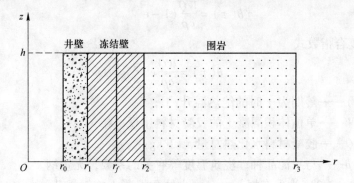

图 3-1 温度场计算几何模型

触变为与下一段浇筑的混凝土井壁接触。因此，壁座的温度场计算实际上是一个内部含有热源的三维非稳态传热计算问题，其热传导微分方程为：

$$\frac{\partial T}{\partial \tau} = a\left(\frac{\partial T^2}{\partial r^2} + \frac{1}{r}\frac{\partial T}{\partial r} + \frac{\partial T^2}{\partial z^2}\right) + \frac{\partial \theta}{\partial \tau} \tag{3-1}$$

$$a = \frac{\lambda}{c\rho} \tag{3-2}$$

式中　T——温度，℃；

r，z——柱坐标，m；

τ——时间，h；

a——导温系数，m^2/h；

λ——导热系数，$J/(m \cdot ℃)$；

c——比热，$kJ/(kg \cdot ℃)$；

ρ——密度，kg/m^3；

θ——混凝土绝热温升，℃。

3.1.2 混凝土绝热温升

混凝土由于水泥水化反应放出大量的热，这部分热称为水化热。目前计算绝热温升的公式主要有四种：

（1）指数式

$$\theta(\tau) = \frac{WQ}{c\rho}(1 - e^{-m\tau}) \tag{3-3}$$

（2）双曲线式

$$\theta(\tau) = \frac{WQ}{c\rho}\frac{\tau}{n + \tau} \tag{3-4}$$

（3）双指数式

$$\theta(\tau) = \frac{WQ}{c\rho}(1 - e^{-a\tau^b}) \tag{3-5}$$

（4）复合指数式

$$\theta(\tau) = \frac{WQ}{c\rho}e^{-\frac{m}{\tau}} \tag{3-6}$$

式中 $\theta(\tau)$——龄期为 τ 时的绝热温升，℃；

　　　W——单位体积混凝土的胶凝材料用量，kg/m³；

　　　Q——胶凝材料水化热总量，kJ/kg；

m，n，a，b——与水泥品种、浇筑温度等有关的系数，无量纲。

其中式（3-3）为现有规范——《大体积混凝土施工规范》[62]（GB 50496—2009）给出的计算式，式（3-4）和式（3-5）是《大体积混凝土温度应力与温度控制》中提到的，式（3-6）是由朱伯芳等学者提出的。

现以我国西部某煤矿副立井套壁升温阶段的温升作为拟合对象，利用 origin 软件分别采用上述四种公式进行拟合，拟合曲线如图 3-2 所示，四个公式的拟合度统计结果见表 3-1，说明复合指数式（3-6）拟合效果更好，更符合混凝土绝热温升的数学模型。

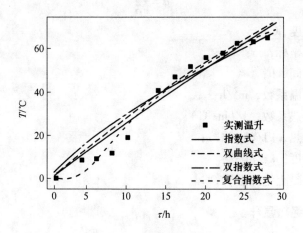

图 3-2   绝热温升拟合

表 3-1   不同公式拟合度统计

公　式	指数式	双曲线式	双指数式	复合指数式
拟合度	0.947	0.934	0.914	0.983

3.1.3 冻结壁冷源

为了简化有限元模型计算，忽略冻结孔的偏斜，以冻结设计的冻结孔布置圈径位置，即冻结壁轴面设置内部冷源，体现冻结管内低温盐水循环的供冷作用；冻结壁内冻结管位置，设置冷源条件，即：

$$t \geq 0, \quad 0 \leq z \leq h, \quad r = r_f, \quad T = T_f \tag{3-7}$$

式中　r_f——冻结设计中冻结孔布置圈径，m；

　　　T_f——冻结壁轴面平均温度，℃。

$$T_f = \frac{T_p}{2}\left(\frac{\dfrac{\pi \zeta}{L} - \ln 2}{\ln \dfrac{L}{2\pi r_p} + \dfrac{\pi \zeta}{L}} + 1 \right) \tag{3-8}$$

式中　T_p——冻结管壁温度，℃；

　　　r_p——冻结管外半径，m；

　　　L——冻结管设计间距，m；

　　　ζ——冻结壁厚度的一半，m。

3.1.4　边界条件设定

计算分成四个阶段：第一阶段，计算壁座浇筑混凝土前，冻结壁区和围岩区的初始温度；第二阶段，计算从壁座浇筑混凝土到下一段高浇筑混凝土之前的温度场；第三阶段，计算从壁座下一段高浇筑混凝土之后到井筒停冻之前的温度场；第四阶段，计算井筒停冻之后的温度场。各个阶段温度场计算的边界条件设定有如下几个方面。

3.1.4.1　初始温度场计算

在壁座混凝土浇筑之前，模型的初始温度场采用稳态计算分析，边界条件按照如下设定：

（1）围岩外缘边界，设置为第一类边界条件，即：

$$0 \leq z \leq h, \quad r = r_3, \quad T = T_r \tag{3-9}$$

式中　z——竖向坐标，m；

　　　r——径向坐标，m；

　　　r_3——围岩外缘半径，m；

　　　h——壁座浇筑段高，m；

　　　T_r——围岩外缘边界温度，依据现场原始地温实测资料取值。

（2）冻结壁内缘边界和外缘边界，也设置为第一类边界条件，即：

$$\begin{cases} 0 \leq z \leq h, \ r = r_1, \ T = T_1 \\ 0 \leq z \leq h, \ r = r_2, \ T = T_2 \end{cases} \tag{3-10}$$

式中　r_1——冻结壁内缘半径，m；

　　　r_2——冻结壁外缘半径，m；

T_1——冻结壁内缘边界温度，依据现场实测资料取值；

T_2——冻结壁外缘边界温度，依据现场实测资料取值。

（3）忽略冻结孔的偏斜，以冻结设计的冻结孔布置圈径位置，即冻结壁轴面设置内部冷源，体现冻结管内低温盐水循环的供冷作用；在冻结壁轴面设置内部冷源，即：

$$t \geqslant 0, \quad 0 \leqslant z \leqslant h, \quad r = r_f, \quad T = T_f \tag{3-11}$$

式中　r_f——冻结设计中冻结孔布置圈径，m；

T_f——冻结壁轴面平均温度，依据现场冻结资料取值。

3.1.4.2　第二阶段温度场计算

这一阶段温度场计算时间范围为从本段高混凝土浇筑后至下一段高混凝土浇筑之前，采用瞬态计算分析，边界条件按照如下设定：

（1）壁座初始温度设置为混凝土入模温度，即：

$$0 \leqslant z \leqslant h, \quad r_0 \leqslant r \leqslant r_1, \quad T = T_0 \tag{3-12}$$

式中　T_0——混凝土入模平均温度，依据现场资料取值。

考虑壁座实际的连续浇筑施工过程的影响，壁座的内缘边界和上边界作为换热边界，即混凝土与空气对流换热：

$$\begin{cases} 0 \leqslant z \leqslant h, & r = r_0, & q = \zeta \Delta T_a \\ z = 0, & r_0 \leqslant r \leqslant r_1, & q = 0 \\ z = h, & r_0 \leqslant r \leqslant r_1, & q = \zeta \Delta T_a \end{cases} \tag{3-13}$$

（2）壁座还需设置内部热源，计算如下：

$$0 \leqslant z \leqslant h, \quad r_0 \leqslant r \leqslant r_1, \quad Q = \frac{mWQ_0}{\tau^2} e^{-\frac{m}{\tau}} \tag{3-14}$$

（3）冻结壁和围岩区以上一步计算结果为初始温度场，其他边界条件保持不变。

3.1.4.3　第三阶段温度场计算

这一阶段温度场计算时间范围为从下一段高混凝土浇筑后至井筒停冻之前，采用瞬态计算分析，边界条件按照如下设定：

（1）壁座开始进行下一段高的施工，因此壁座上边界停用换热边界，变为绝热边界，即：

$$z = h, \quad r_0 \leqslant r \leqslant r_1, \quad q = 0 \tag{3-15}$$

（2）其他边界条件不变。

3.1.4.4　第四阶段温度场计算

这一阶段温度场计算时间范围为从井筒停冻之后至冻结壁解冻升温，采用瞬态计算分析，边界条件按照如下设定：

（1）此时井筒已经停止冻结了，因此去掉冻结壁内部冷源条件。

（2）其他边界条件不变。

3.2 矿山井筒施工实测温度分析

为了监测井壁浇筑混凝土之后的温度变化情况，选取了三个监测水平，具体参数见表3-2，其中第一监测水平和第二监测水平壁座混凝土都是现浇，而第三监测水平内壁混凝土是现浇，外壁已经施工完毕。温度传感器选择的是江苏常州金土木 JTM-T400 数字温度传感器，温度传感器的量程为 $-30\sim80$℃，精度为 ±0.3℃。

表3-2 监测层位参数统计

层 位	深度/m	井壁结构	标号	厚度/mm	测点/个
第一监测水平	-704	壁座	CF70	1803	7
第二监测水平	-565	壁座	C70	1803	6
第三监测水平	-424	内壁	C60	1150	5
		外壁	C50	400	

3.2.1 第一监测水平温度实测分析

第一监测水平位于 -704m（壁座），沿径向提前埋设了 7 个温度传感器，如图 3-3 所示，1~3 号温度传感器监测壁座温度变化，4~7 号温度传感器监测冻结壁温度变化。

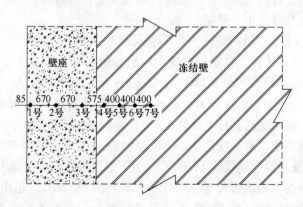

图3-3 第一监测水平温度传感器布置图

通过数据采集和处理获得了第一监测水平壁座和冻结壁浇筑混凝土后的实测温度变化曲线，如图 3-4、图 3-5 所示。

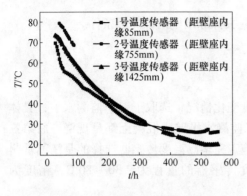

图 3-4　第一监测水平壁座实测温度

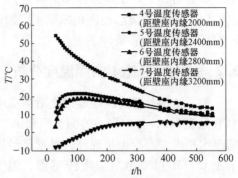

图 3-5　第一监测水平冻结壁实测温度

第一监测水平温度监测过程中出现意外情况：温度传感器安装完毕后，首次数据试采集成功，此时壁座尚未浇筑混凝土；但壁座浇筑混凝土后，再次下井采集数据时，发现无法采集数据，初步判定温度采集系统出现通讯故障；通过紧急抢修，恢复正常通讯，但此时已丢失壁座浇筑混凝土后 0~28h 的初期温度数据；壁座浇筑混凝土 100h 后，埋设在壁座内部，距壁座内缘 755mm 的 2 号温度传感器出现故障，数据出现不规则跳跃性，因此 2 号测点在 100h 之后的数据缺失。

图 3-4 显示的是第一监测水平壁座区的温度实测曲线，壁座浇筑混凝土后，三个测点的温度均随时间呈近似对数函数递减；壁座三个测点中，壁座中心位置温度最高，壁座外缘次之，壁座内缘最低，但是距壁座混凝土浇筑 350h 后，壁座外缘温度要低于壁座内缘温度，这是由于壁座外缘与冻结壁接触，而壁座内缘与井筒内的空气进行热交换，因此壁座外缘温度会继续降低。从整体来看，壁座内缘的温度变化梯度要小于壁座外缘。

依据我国现行国家标准——《大体积混凝土施工规范》[62]（GB 50496—2009），混凝土浇筑体在入模温度基础上的温升值不宜大于 50℃，里表温差不宜大于 20℃；降温速率不宜大于 2℃/d；表面与大气温差不宜大于 20℃。表 3-3 中：壁座混凝土入模温度为 15℃，壁座内缘（1 号测点）最高温度为 69.6℃，温升为 54.6℃，超出规范温升建议值 4.6℃；降温速率为 0.083℃/h（1.99℃/d），接近规范降温速率建议值。壁座中心（2 号测点）最高温度为 79.66℃，温升为 64.66℃，超出规范温升建议值 14.66℃；由于缺乏数据，降温速率无法计算。壁座外缘（3 号测点）最高温度为 73.71℃，温升为 58.71℃，超出规范温升建议值 8.71℃；降温速率为 0.103℃/h（2.47℃/d），超出规范降温速率建议值 0.47℃/d。如图 3-4 所示，在壁座浇筑混凝土 54h 时，2 号测点与 1 号测点实测最大温差为 20.45℃，超出规范里表温差建议值 0.45℃；由 1 号测点温度曲线推断出，壁座表面与大气温差超过规范表面与大气温差建议值。

表3-3 第一监测水平壁座区温度统计

监 测 点	1 号	2 号	3 号
距壁座内缘/mm	85	755	1425
入模温度/℃	15	15	15
最高温度/℃	69.6	79.66	73.71
最大温升/℃	54.6	64.66	58.71
温降速率/℃·h⁻¹	0.083	—	0.103

如图 3-5 所示第一监测水平冻结区的温度实测曲线，四个测点呈现出不同温度变化规律：4 号测点最靠近壁座外缘，温度变化规律与壁座区 1 号、3 号测点相似，也是随时间呈现递减的变化规律，温度变化曲线呈近似对数函数；4 号测点最高温度为 55.39℃，降温速率达到 0.077℃/h（1.86℃/d）。5 号测点介于壁座外缘与冻结管之间，温度变化规律与 1~4 号均不相同，呈现随时间先递增后递减的变化规律，温度变化曲线呈近似偏斜的抛物线；5 号测点最高温度为 22.07℃，混凝土浇筑 100h 以前为升温阶段，升温速率可达 0.154℃/h（3.71℃/d）；混凝土浇筑 100h 以后为降温阶段，降温速率可达 0.025℃/h（0.61℃/d）。6 号测点的温度变化规律与 5 号测点相似，也是随时间先递增后递减，温度变化曲线呈近似偏斜的抛物线；6 号测点的最高温度为 18.79℃，混凝土浇筑 121h 以前为升温阶段，升温速率可达 0.169℃/h（4.06℃/d）；混凝土浇筑 121h 以后为降温阶段，降温速率可达 0.022℃/h（0.52℃/d）。7 号测点靠近冻结管，温度变化规律与 4 号测点正好相反，随时间呈现递增的变化规律，温度变化曲线呈近似对数函数；7 号测点最高温度为 6.49℃，升温速率达到 0.026℃/h（0.62℃/d）。具体统计数据见表 3-4。

表3-4 第一监测水平冻结壁区温度统计

监 测 点	4 号	5 号	6 号	7 号
距壁座外缘/mm	197	597	997	1397
最高温度/℃	55.39	22.07	18.79	6.49
温升速率/℃·h⁻¹	—	0.154	0.169	0.026
温降速率/℃·h⁻¹	0.077	0.025	0.022	—

冻结壁区整体来看，四个测点中，4 号测点温度最高，其次是 5 号测点，再是 6 号测点，温度最低的是 7 号测点。这说明越靠近壁座，受混凝土水化热影响越大，温度变化梯度也越大。第一监测水平即 -704m 壁座浇筑施工期间，冻结壁靠近壁座 1397mm 范围内均已融化。若此时 -704m 壁座所处层位不是基岩冻结，而是第四系黏土冲积层冻结，那么壁座将会由于冻土融化而受到竖向附加力作用。

3.2.2 第二监测水平温度实测分析

第二监测水平位于 −565m（壁座），沿径向提前埋设了 6 个温度传感器，如图 3-6 所示，1 ~ 3 号温度传感器监测壁座温度变化，4 ~ 6 号温度传感器监测冻结壁温度变化。

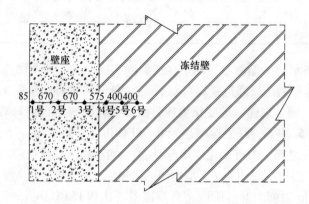

图 3-6　第二监测水平温度传感器布置图

通过数据采集和处理获得了第二监测水平壁座和冻结壁浇筑混凝土后的实测温度变化曲线，如图 3-7、图 3-8 所示。

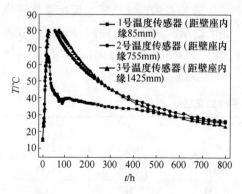

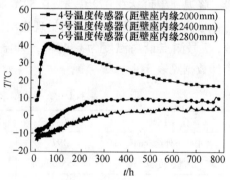

图 3-7　第二监测水平壁座实测温度　　　　图 3-8　第二监测水平冻结壁实测温度

第二监测水平温度监测过程中也出现一些意外：由于事先对壁座混凝土最高温度估计不足，导致温度传感器所选量程不够，如图 3-7 中，壁座浇筑混凝土 24h 后，2 号测点的实测值为 79.97℃，壁座浇筑混凝土 29h 后，3 号测点的实测值为 79.81℃，此后 2 号和 3 号测点位置因混凝土继续升温导致超出温度传感器的最大量程 80℃，故没有读数；随着时间的推移，壁座混凝土开始降温，降到

80℃以下，传感器又恢复读数，壁座浇筑混凝土54h后，2号测点的实测值为79.89℃，壁座浇筑混凝土71h后，3号测点的实测值为79.89℃；因此第二监测水平2号监测点缺失了25～53h的数据，3号监测点缺失壁座浇筑混凝土后30～70h的数据。

从图3-7中可以看出，壁座浇筑混凝土后，1号测点位置最先到达最高温度，2号和3号测点位置的温度曲线比较接近，最后三个测点的温度都趋于一致。虽然由于量程不够，三个测点的温度曲线略有缺失，但从温度随时间变化曲线的趋势是完整的，三个测点的温度均表现出随时间先递增后递减的规律，整体温度曲线呈近似偏斜抛物线；对比图3-5和图3-7发现，第一监测水平和第二监测水平壁座内三个测点的降温阶段的温度曲线相似，即降温规律相似。－565m壁座的三个测点中，壁座中心位置温度最高，壁座外缘次之，壁座内缘最低。壁座内缘（1号测点）最高温度为64.48℃，温升为49.48℃，接近规范温升建议值；混凝土浇筑24h以前为升温阶段，升温速率可达2.11℃/h（50.60℃/d）；混凝土浇筑24h以后为降温阶段，降温速率可达0.049℃/h（1.18℃/d），符合规范降温速率建议值范围。壁座中心（2号测点）最高温度大于80℃，温升大于65℃，超出规范温升建议值15℃以上；混凝土浇筑24h以内2号测点温度未超过80℃，这一阶段的升温速率可达2.74℃/h（65.81℃/d）；混凝土浇筑54h以后2号测点温度降回80℃以内，这一阶段降温速率可达0.073℃/h（1.75℃/d），符合规范降温速率建议值范围。壁座外缘（3号测点）最高温度大于80℃，温升大于65℃，超出规范温升建议值15℃以上，混凝土浇筑29h以内3号测点温度未超过80℃，这一阶段的升温速率可达2.78℃/h（66.71℃/d），混凝土浇筑71h以后3号测点温度降回80℃以内，这一阶段降温速率可达0.078℃/h（1.88℃/d），符合规范降温速率建议值范围。如图3-7所示，在壁座浇筑混凝土54h时，2号测点与1号测点实测最大温差为37.18℃，超出规范里表温差建议值17.18℃，由1号测点温度曲线推断出，壁座表面与大气温差超过规范表面与大气温差建议值。具体统计数据详见表3-5。

表3-5　第二监测水平壁座区温度统计

监测点	1号	2号	3号
距壁座内缘/mm	85	755	1425
入模温度/℃	15	15	15
最高温度/℃	64.48	>80	>80
最大温升/℃	49.48	>65	>65
温升速率/℃·h⁻¹	2.11	2.74	2.78
温降速率/℃·h⁻¹	0.049	0.073	0.078

从图 3-8 中可以看出，壁座浇筑混凝土之后，冻结壁区温度明显上升。其中 4 号测点位置距离壁座外缘 197mm，对比图 3-7 可以看出，该位置受混凝土水化热影响特别明显，温度变化规律与壁座区的三个测点相似，也在短时间内急剧升温，到达最高温度之后开始降温，随时间变化的曲线呈近似偏斜的抛物线。4 号测点最高温度为 40.74℃，混凝土浇筑 52h 以前为升温阶段，升温速率可达 0.626℃/h（15.02℃/d）；混凝土浇筑 52h 以后为降温阶段，降温速率可达 0.032℃/h（0.77℃/d）。而 5 号和 6 号测点则一直处于升温阶段，与第一监测水平的 5 号和 6 号测点温度变化规律相似，温度随时间变化呈近似对数函数曲线。5 号测点的最高温度为 10.83℃，升温速率为 0.025℃/h（0.597℃/d）；6 号测点的最高温度为 5.75℃，升温速率为 0.026℃/h（0.625℃/d）。具体统计数据详见表 3-6。

表 3-6　第二监测水平冻结壁区温度统计

监 测 点	4 号	5 号	6 号
距壁座外缘/mm	197	597	997
最高温度/℃	40.74	10.83	5.75
温升速率/℃·h⁻¹	0.626	0.025	0.026
温降速率/℃·h⁻¹	0.032	—	—

从第二监测水平冻结区测温数据来看，三个测点中，4 号测点温度最高，其次是 5 号测点，温度最低的是 6 号测点。施工期间，冻结壁靠近壁座 997mm 范围内均已融化；冻结区温度分布规律与第一监测水平一致，但 5 号测点与 6 号测点的温度差值要比第一监测水平大，这是地层的热学参数不同和施工混凝土的水化热不同导致的。

3.2.3　第三监测水平温度实测分析

第三监测水平位于 −424m（井壁），沿径向提前埋设了五个温度传感器，如图 3-9 所示，1～3 号温度传感器监测内壁温度变化，4 号温度传感器监测外壁温度变化，5 号温度传感器监测冻结壁温度变化。

前两个监测水平是 1803mm 厚的壁座浇筑混凝土，而第三监测水平是 1150mm 厚的内壁浇筑混凝土，400mm 厚的外壁则已经施工完毕。第三监测水平的温度监测比较成功，五个温度传感器均正常工作，数据采集也颇为顺利，五个测点的温度都没有超过量程，数据非常完整。实测温度变化曲线，如图 3-10、图 3-11 所示。

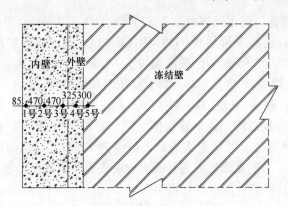

图 3-9 第三监测水平温度传感器布置示意图

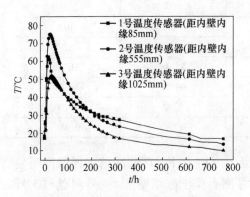

图 3-10 第三监测水平内壁实测温度

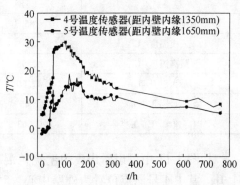

图 3-11 第三监测水平外壁与冻结壁实测温度

　　从图 3-10 中可以看出，第三监测水平内壁三个测点的温度变化曲线与第二监测水平相似，均表现出随时间先递增后递减的规律，整体温度曲线呈近似偏斜抛物线；但第三监测水平内壁的三个测点温度剧烈变化的时间比第二监测水平更短。内壁浇筑混凝土后，1 号测点最先达到最高温度，2 号测点随后，3 号测点最后达到最高温度。内壁三个测点，在升温阶段，内壁中心（2 号测点）温度最高，其次是内壁内缘（1 号测点），内壁外缘（3 号测点）温度最低。在降温阶段，三个测点的温度曲线出现交叉，在降温阶段前 50h 内，最高温度还是在内壁中心位置，但内壁外缘温度略高于内壁内缘；在降温阶段后期，温度分布又出现新的变化，壁座内缘温度最高，其次是壁座中心，而壁座外缘温度最低。

　　如图 3-10 所示，−424m 内壁内缘（1 号测点）最高温度为 62.56℃，温升为 47.56℃，符合规范温升建议值；混凝土浇筑 18h 以前为升温阶段，升温速率可达 2.45℃/h（58.75℃/d）；混凝土浇筑 18h 后为降温阶段，降温速率为 0.063℃/h（1.50℃/d），符合规范降温速率建议值范围。内壁中心（2 号测点）最高温度 75.48℃，温升为 60.48℃，超出规范温升建议值 10.48℃；混凝土浇筑

23h 以内为升温阶段，升温速率可达 2.52℃/h（60.57℃/d）；混凝土浇筑 23h 以后为降温阶段，降温速率可达 0.083℃/h（1.99℃/d），接近规范降温速率建议值范围。内壁外缘（3 号测点）最高温度为 51.76℃，温升为 36.76℃，符合规范温升建议值，混凝土浇筑 32h 以内为升温阶段，升温速率可达 1.09℃/h（26.08℃/d），混凝土浇筑 32h 以后为降温阶段，降温速率为 0.057℃/h（1.38℃/d），符合规范降温速率建议值范围。如图 3-10 所示，在内壁浇筑混凝土 32h 时，2 号测点与 1 号测点实测最大温差为 22.47℃，超出规范里表温差建议值 2.47℃，由 1 号测点温度曲线推断出内壁表面与大气温差超过规范表面与大气温差建议值，具体统计数据详见表 3-7。

表 3-7   第三监测水平内壁区温度统计

监　测　点	1 号	2 号	3 号
距内壁内缘/mm	85	555	1025
入模温度/℃	15	15	15
最高温度/℃	62.56	75.48	51.76
最大温升/℃	47.56	60.48	36.76
温升速率/℃·h⁻¹	2.45	2.52	1.09
温降速率/℃·h⁻¹	0.063	0.083	0.057

从图 3-11 中可以看出，内壁浇筑混凝土之后，外壁区和冻结壁区温度明显上升。其中 4 号测点位置为外壁中心，5 号测点位于冻结壁区，4 号测点和 5 号测点的温度变化趋势相似，都随时间经历先递增再到递减的过程，随时间变化的曲线呈近似偏斜的抛物线。对比图 3-10 可以看出，4 号测点和 5 号测点升温阶段的时间要比内壁三个测点的升温阶段更长，但温度梯度要远小于内壁的三个测点。4 号测点最高温度为 29.88℃，混凝土浇筑 100h 以前为升温阶段，升温速率可达 0.25℃/h（6.03℃/d）；混凝土浇筑 100h 以后为降温阶段，降温速率可达 0.034℃/h（0.81℃/d）。5 号测点温度波动比其他 4 个测点大，最高温度为 18.72℃，混凝土浇筑 100h 以前为升温阶段，升温速率可达 0.178℃/h（4.29℃/d）；混凝土浇筑 100h 以后为降温阶段，降温速率可达 0.020℃/h（0.48℃/d），具体统计数据详见表 3-8。

表 3-8   第三监测水平外壁及冻结壁区温度统计

监　测　点	4 号	5 号
距内壁外缘/mm	200	500
最高温度/℃	29.88	18.72
温升速率/℃·h⁻¹	0.25	0.178
温降速率/℃·h⁻¹	0.034	0.020

从第三监测水平外壁区和冻结壁区测温数据来看，外壁中心最大温差超过 20℃，而距外壁外缘 100mm 范围的冻结壁已经融化，温度变化梯度也大于第二监测水平的冻结壁区。

3.3 温度场有限元反演分析

以我国西部某煤矿副立井 -704m 层位浇筑壁座施工为例，本节采用 COM-SOL Multiphysics 有限元软件进行温度场反演。依据现场实际资料，计算参数见表 3-9。

表 3-9 西部某煤矿副立井 -704m 壁座温度场计算参数统计

几何尺寸/m					初始温度/℃					瞬态计算时间/h		
r_0	r_1	r_2	r_3	h	T_0	T_1	T_2	T_f	T_r	t_2	t_3	t_4
5	6.8	13.3	45	4	15	6	-3.5	-20	26	0~12	12~72	72~2160

壁座采用 CF70 钢纤维混凝土浇筑，依据现场混凝土试验报告和井筒检查孔报告可以得到混凝土和围岩材料的热学参数，见表 3-10。

表 3-10 混凝土和围岩材料的热学参数统计

材料名称	容重/kg·m^{-3}	导热系数/W·(m·℃)$^{-1}$	比热/J·(kg·℃)$^{-1}$
混凝土	2465.55	2.20	970
常温砂岩	2410	2.849	1030

3.3.1 停冻之前温度场分析

基于初始温度场、第二阶段和第三阶段温度场计算后，截取 $z = 2m$，即模型 1/2 段高处，分别绘制壁座和冻结壁温度场径向分布如图 3-12 和图 3-13 所示。

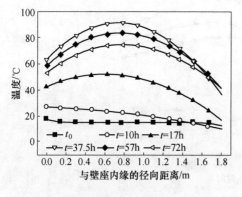

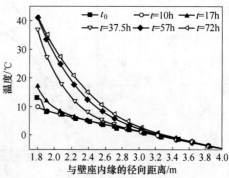

图 3-12 停冻前壁座温度场径向分布　　图 3-13 停冻前冻结壁温度场径向分布

从图 3-12 可以看出，壁座混凝土浇筑后，温度呈非线性分布，从横向来看，温度沿径向呈现出倾斜抛物线分布，峰值偏向壁座内缘，壁座中心靠近井内的位置即壁座 4/9 厚度处（距壁座内缘 0.8m）温度最高，达到 91.2℃，壁座内缘次之，壁座外缘最低；从纵向来看，0~37.5h，壁座温度随时间升高，37.5~72h，壁座温度随时间降低。数据分析表明：表 3-11 中，壁座内部最大温升速率为 2.03℃/h；从整体来看，壁座中部升温最快，而壁座内缘次之，壁座外缘升温最慢，这是由于混凝土自身导热性能不佳，水泥水化反应后，壁座中心聚集大量水化热不容易散发，内缘与井内的空气换热，而外缘与冻结壁接触，因此温升速率最小；到了降温阶段，壁座内最大温降速率为 0.5℃/h，从整体来看，降温最快的部位依然是壁座中部位置，其次是壁座内缘，最后是壁座外缘。

表 3-11　壁座不同位置升温速率统计

距内缘位置/m	0	0.2	0.4	0.6	0.8	1.0	1.2	1.4	1.6	1.8
最高温度/℃	63.0	76.9	85.8	90.6	91.2	87.9	80.7	69.4	55.7	41.2
升温速率/℃·h⁻¹	1.28	1.65	1.89	2.02	2.03	1.94	1.75	1.45	0.71	0.46

从图 3-13 可以看出，受壁座浇筑混凝土影响，冻结壁区在 0~72h 内都处于升温阶段，温度呈非线性分布，曲线近似对数函数，越靠近壁座温度越高，在冻结壁与壁座外缘接触面上，温度达到 41.2℃。

提取与第一监测水平壁座内测点 1~3 号相对应的数据，绘制 0~72h 随时间变化的温度曲线如图 3-14 所示，误差计算见表 3-12：1 号测点的有限元模拟温度与实测温度最大误差为 13.3%，平均误差 9.1%；2 号测点的有限元模拟温度与实测温度最大误差为 14.2%，平均误差 8.1%；3 号测点的有限元模拟温度与实测温度最大误差为 8.7%，平均误差 6.2%。因此，有限元模拟温度计算值可以作为实测缺失数据的可信参考。

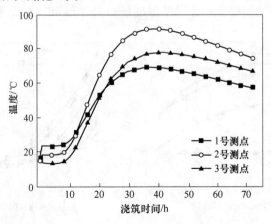

图 3-14　壁座内 1~3 号测点温度场有限元模拟计算

表 3-12 壁座内 3 个测点实测温度与模拟温度误差统计

时间 /h	1 号测点			2 号测点			3 号测点		
	实测/℃	模拟/℃	误差/%	实测/℃	模拟/℃	误差/%	实测/℃	模拟/℃	误差/%
29	69.6	65.96	-5.2	—	86.20	—	73.71	71.02	-3.6
33	68.15	67.87	-0.4	—	89.56	—	73.38	74.65	1.7
36	66.24	68.80	3.9	—	91.27	—	72.92	76.70	5.2
39	64.35	68.64	6.7	—	91.22	—	72.3	77.22	6.8
42	61.93	68.36	10.4	79.66	90.99	14.2	71.57	77.58	8.4
45	60.27	67.52	12.0	79.43	89.84	13.1	70.99	77.09	8.6
48	58.94	66.64	13.1	78.74	88.61	12.5	70.38	76.52	8.7
51	57.81	65.50	13.3	78.2	86.95	11.2	69.55	75.51	8.6
54	57.21	64.34	12.5	77.66	85.25	9.9	68.94	74.46	8.0
60	55.83	61.86	10.8	76.19	81.52	7.0	67.45	71.93	6.6
63	55.7	60.62	8.8	75.51	79.63	5.5	66.81	70.57	5.6
66	55.17	59.38	7.6	74.78	77.75	4.0	66.05	69.22	4.8
69	54.84	58.19	6.1	73.91	75.93	2.7	65.38	67.86	3.8
72	54.63	57.02	4.4	73.18	74.12	1.3	64.44	66.51	3.2

3.3.2 停冻之后温度场分析

模型第四阶段温度场是对停冻后的温度预测，提取计算结果，绘制壁座区和冻结壁区温度场径向分布如图 3-15 和图 3-16 所示。由图 3-15 可以看出，井筒停止冻结之后，壁座温度场径向分布变为呈近似一次函数分布，呈现出壁座内缘向壁座外缘温度递减的规律；从时间维度上看，壁座经历了从升温到降温再到升温的温度变化过程：浇筑后 0.5d 至 3d 处于升温阶段，浇筑后 3d（井筒停冻）至 63d（停冻后 60d）处于降温阶段，浇筑后 63d（停冻后 60d）到 168d（停冻后 165d）壁座处于升温阶段。这是由于井筒停止冻结之后，冻结壁开始融化，如图 3-16 所示，靠近壁座外缘 0～2.2m 处，在壁座混凝土浇筑 18d 后才完全融化，之后逐渐升温。同时，图 3-16 也说明井筒停止冻结之后，冻结壁靠近壁座外缘部分不会出现回冻现象。

表 3-13 为壁座不同位置温度变化速率统计：降温阶段，浇筑后 3～18d 降温速率较大，最大可达 0.11℃/h（2.72℃/d），位于壁座中心，浇筑后 18～63d 降温速率较小，最大仅为 0.005℃/h（0.12℃/d），位于壁座外缘；升温阶段，壁座内升温速率都不大，最大仅为 0.0011℃/h（0.0273℃/d）。

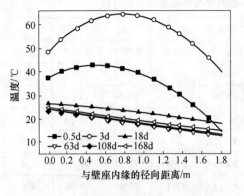

图 3-15　0 ～ 168d 壁座温度场径向分布

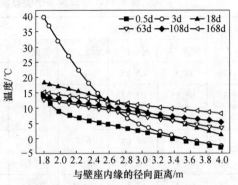

图 3-16　0 ～ 168d 冻结壁温度场径向分布

表 3-13　壁座不同位置温度变化速率统计

距壁座内缘位置/m	0	0.4	0.8	1.0	1.2	1.4	1.6	1.8
3 ~ 18d 降温速率/℃ · h⁻¹	0.06	0.10	0.11	0.11	0.11	0.10	0.08	0.06
18 ~ 63d 降温速率/ × 10⁻¹℃ · h⁻¹	0.02	0.03	0.04	0.05	0.05	0.05	0.05	0.05
63 ~ 108d 升温速率/ × 10⁻²℃ · h⁻¹	0.01	0.01	0.02	0.03	0.03	0.04	0.05	0.05
108 ~ 168d 升温速率/ × 10⁻²℃ · h⁻¹	0.03	0.05	0.07	0.08	0.09	0.10	0.11	0.11

4 基于热力耦合的高水压基岩段井壁力学特性

2017 年 4 月 1 日起开始实施的《煤矿立井井筒及硐室设计规范》（GB 50384—2016）[34]是目前我国煤矿井筒设计的主要依据，此外由于我国金属矿井筒设计没有相应规范，因此金属矿也是参考该规范进行井筒设计。新规范[34]中，针对井壁设计，依然沿用旧规范的拉麦公式。拉麦公式中，对井壁外荷载的取值存在较大的随意性，忽略了围岩与井壁的相互作用，也没有考虑水渗流和水压对基岩段井壁设计的影响，并且也没有考虑温度应力对井壁设计的影响，因此拉麦公式所采用的井壁力学模型存在许多不足。井壁作为永久支护，关系到井筒生产安全，必须对井壁进行全面的力学分析，以便完善高水压基岩段井壁设计理论。本章重点进行冻结立井内层井壁在施工期间、温度应力计算分析以及永久支护力学理论研究。

4.1 基于冻结立井套壁施工过程的井壁温度应力分析

随着矿山立井井筒深度的增加，水压和地压越来越大，设计的井壁越来越厚，混凝土标号也越来越高，特别是冻结井筒中，井壁厚度甚至达到 2m，标号甚至达到 C80。高标号下的大体积混凝土温度变化特别大，尤其是在冻结井筒的井壁施工期间，井壁中心处的温度变化甚至可以达到 65℃以上。大幅度的温度变化，必然会产生极大的温度应力，致使井壁面临温度裂缝的风险，从而影响井壁的承载能力。但在最新发布实施的《煤矿立井井筒及硐室设计规范》（GB 50384—2016）[34]中，井壁设计依然沿用拉麦公式，计算时的载荷主要为水土压力、静水压力、冻结压力（冻结凿井法施工）、泥浆压力（钻井法施工）等，并没有考虑温度应力的影响。本节将从温度应力产生的机理出发，建立温度场及温度应力计算模型，研究冻结井筒由水化热引起的混凝土井壁温度场、温度应力的分布规律及影响因素，为进一步研究井筒井壁力学性能、完善井壁设计理论、提升井壁耐久性提供一定的指导和帮助。

4.1.1 井壁施工期间温度应力产生的机理分析

井壁浇筑后，其内部温度呈非线性分布，由于混凝土热胀冷缩产生不均匀温度收缩变形并相互约束,同时在边界上受到外部约束,内外部约束作用叠加产生温度应力。井壁施工期间温度应力产生的条件有两个:温度变化和约束。因此在研究井壁施工期间温度应力之前,需要先分析井壁施工期间的温度变化规律和井壁施工期间的约束条件。

4.1.1.1　井壁温度变化规律

依据文献[15]和文献[16]的相关研究分析,井壁在浇筑后的一个月内,会经历两个温度变化阶段。

(1) 快速升温阶段。井壁浇筑混凝土时,由于体积较大,水泥发生水化反应将快速释放大量的热量,由于混凝土自身导热性能不佳,井壁内部聚集大量水化热不容易散发,因此在井壁浇筑后会出现一个快速升温过程;本阶段井壁内部温度分布呈非线性分布:井壁中心处温度最高,内缘次之,而井壁外缘受冻结壁低温影响温度最低。此外,井壁中心处于升温阶段的时间长于井壁内缘和外缘。

(2) 逐渐降温阶段。水泥的水化反应大致要经历一个月,由于热传导作用,井壁的热量向温度低的井内空气和井外围岩中传递,因此井壁在达到最高温度后开始逐渐降温,井壁内部温度由非线性分布逐渐趋于均匀分布;本阶段井壁内缘和外缘在井壁中心升温过程中就进入降温过程,且内部降温速率不均匀,造成井壁内部温度变化依然呈非线性分布。

4.1.1.2　井壁约束条件分析

(1) 拆模前。内层井壁刚浇筑时,内壁内缘受到模板约束,内壁外缘受到外壁和冻结壁约束,但此时混凝土尚处于流塑状态,强度增长缓慢,因此无需考虑拆模前混凝土的温度应力。

(2) 拆模后。井壁拆模后,井壁内缘无约束属于自由面;井壁外缘依然受到冻结壁约束,井壁混凝土强度逐渐变大,需要考虑温度应力对井壁的影响。

基于井壁温度变化规律和井壁约束条件分析,井壁施工期间温度应力计算的初始时刻应该为井壁出现最高温度的时刻,即认为此时井壁的温度场为初始温度场。

4.1.2　井壁施工期间温度应力分析

4.1.2.1　力学模型的建立

如图 4-1 所示为立井井壁模型,井壁混凝土竖直方向上温度变化远小于径向方向,可假设井壁混凝土温度在竖直方向上保持不变,仅在径向上变化,即温度变化 $\Delta T = \Delta T(r,t)$ (r 表示径向坐标,以井筒中心为原点,井壁内缘半径为 r_1,外缘半径为 r_2;t 表示时间,以井壁混凝土水化反应出现最高温度为计算初始时刻0），井壁各向同性，各方向热膨胀系数均为 α。根据井壁施工期间受力变形特点，井壁内缘不受力，即井壁内缘为自由面，内壁受外壁约束，施工期间内壁刚度小于外壁刚度，位移非常小，可认为内壁外缘固定；考虑温度应力是指无外力情况下，温度变化时内外约束共同作用引起的应力，因此，忽略井壁自重即认为井壁上下端固定；依据以上假设条件，取一个段高的井壁进行分析，可把空间轴对称温度应力问题简化为平面应变温度应力问题，如图 4-2 所示。

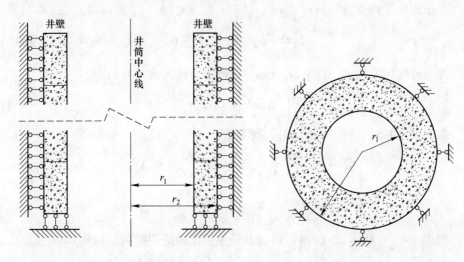

图 4-1　立井井壁模型　　　　　图 4-2　井壁温度应力平面应变模型

4.1.2.2　力学模型的求解

由热弹性力学理论可得平面应变与温度应力的本构方程：

$$\begin{cases} \sigma_r^T = 2G\varepsilon_r + \lambda e - \kappa\alpha\Delta T \\ \sigma_\theta^T = 2G\varepsilon_\theta + \lambda e - \kappa\alpha\Delta T \\ \sigma_z^T = 2G\varepsilon_z + \lambda e - \kappa\alpha\Delta T \end{cases} \tag{4-1}$$

平面应变温度应力的几何方程为：

$$\varepsilon_r^T = \frac{du}{dr}, \quad \varepsilon_\theta^T = \frac{u}{r}, \quad \varepsilon_z^T = 0 \tag{4-2}$$

式中　G，λ——拉梅常数，MPa，$G = \dfrac{E}{2(1+\mu)}$，$\lambda = \dfrac{E\mu}{(1+\mu)(1-2\mu)}$；

　　　　κ——体积模量，MPa，$\kappa = \dfrac{E}{1-2\mu}$；

　　　　E——弹性模量，MPa；

　　　　μ——泊松比，无量纲；

　　　　e——体积应变，无量纲，$e = \varepsilon_r + \varepsilon_\theta + \varepsilon_z$。

平面应变平衡微分方程为：

$$\frac{\mathrm{d}\sigma_r^T}{\mathrm{d}r} + \frac{\sigma_r^T - \sigma_\theta^T}{r} = 0 \tag{4-3}$$

联立式（4-1）、式（4-2）、式（4-3）可求解位移表达式：

$$u^T = \frac{\kappa\alpha}{2G+\lambda}\ \frac{1}{r}\int_{r_1}^{r}\Delta Tr\mathrm{d}r + C_1 r + \frac{C_2}{r} \tag{4-4}$$

井壁内缘无约束，即 $r = r_1$ 处 $\sigma_r^T(r_1) = 0$，联立式(4-1)、式(4-2)、式(4-4)得：

$$2(G+\lambda)C_1 - 2G\frac{C_2}{r_1^2} = 0 \tag{4-5}$$

井壁外缘固定约束，即 $r = r_2$ 处 $u^T(r_2) = 0$，代入式（4-4）得：

$$\frac{\kappa\alpha}{2G+\lambda}\int_{r_1}^{r_2}\Delta Tr\mathrm{d}r + C_1 r_2^2 + C_2 = 0 \tag{4-6}$$

联立式（4-5）、式（4-6）可解得系数：

$$\begin{cases} C_1 = -\dfrac{\kappa\alpha}{2G+\lambda}\ \dfrac{G}{(G+\lambda)r_1^2 + Gr_2^2}\displaystyle\int_{r_1}^{r_2}\Delta Tr\mathrm{d}r \\[4mm] C_2 = -\dfrac{\kappa\alpha}{2G+\lambda}\ \dfrac{(G+\lambda)r_1^2}{(G+\lambda)r_1^2 + Gr_2^2}\displaystyle\int_{r_1}^{r_2}\Delta Tr\mathrm{d}r \end{cases} \tag{4-7}$$

把式（4-7）代入式（4-4）可得井壁由温度效应引起的径向位移表达式：

$$u^T = \frac{\kappa\alpha}{2G+\lambda}\ \frac{1}{r}\int_{r_1}^{r}\Delta Tr\mathrm{d}r - \frac{\kappa\alpha}{2G+\lambda}\ \frac{(G+\lambda)r_1^2 + Gr^2}{(G+\lambda)r_1^2 + Gr_2^2}\ \frac{1}{r}\int_{r_1}^{r_2}\Delta Tr\mathrm{d}r \tag{4-8}$$

把式（4-8）代入式（4-2），可得井壁施工期间由温度效应引起的径向应变和环向应变表达式：

$$\begin{cases} \varepsilon_r^T = \dfrac{\kappa\alpha}{2G+\lambda}\Big(\Delta T - \dfrac{1}{r^2}\displaystyle\int_{r_1}^{r}\Delta Tr\mathrm{d}r\Big) + \dfrac{\kappa\alpha}{2G+\lambda}\ \dfrac{(G+\lambda)r_1^2 - Gr^2}{(G+\lambda)r_1^2 + Gr_2^2}\ \dfrac{1}{r^2}\displaystyle\int_{r_1}^{r_2}\Delta Tr\mathrm{d}r \\[4mm] \varepsilon_\theta^T = \dfrac{\kappa\alpha}{2G+\lambda}\ \dfrac{1}{r^2}\displaystyle\int_{r_1}^{r}\Delta Tr\mathrm{d}r - \dfrac{\kappa\alpha}{2G+\lambda}\ \dfrac{(G+\lambda)r_1^2 + Gr^2}{(G+\lambda)r_1^2 + Gr_2^2}\ \dfrac{1}{r^2}\displaystyle\int_{r_1}^{r_2}\Delta Tr\mathrm{d}r \end{cases} \tag{4-9}$$

把式（4-9）代入式（4-1），可得井壁施工期间由温度效应引起的径向应力、环向应力和竖向应力表达式：

$$\begin{cases} \sigma_r^T = -\dfrac{2G\kappa\alpha}{2G+\lambda}\left[\dfrac{1}{r^2}\displaystyle\int_{r_1}^{r}\Delta Tr\mathrm{d}r + \dfrac{G+\lambda}{(G+\lambda)r_1^2 + Gr_2^2}\Big(1 - \dfrac{r_1^2}{r^2}\Big)\displaystyle\int_{r_1}^{r_2}\Delta Tr\mathrm{d}r\right] \\[4mm] \sigma_\theta^T = \dfrac{2G\kappa\alpha}{2G+\lambda}\left[\dfrac{1}{r^2}\displaystyle\int_{r_1}^{r}\Delta Tr\mathrm{d}r - \dfrac{G+\lambda}{(G+\lambda)r_1^2 + Gr_2^2}\Big(1 + \dfrac{r_1^2}{r^2}\Big)\displaystyle\int_{r_1}^{r_2}\Delta Tr\mathrm{d}r - \Delta T\right] \\[4mm] \sigma_z^T = -\dfrac{2G\kappa\alpha}{2G+\lambda}\left[\Delta T + \dfrac{\lambda}{(G+\lambda)r_1^2 + Gr_2^2}\displaystyle\int_{r_1}^{r_2}\Delta Tr\mathrm{d}r\right] \end{cases} \tag{4-10}$$

把各参数代入式（4-9）展开可得：

$$
\begin{cases}
\varepsilon_r^T = \dfrac{1+\mu}{1-\mu}\alpha\left[\left(\Delta T - \dfrac{1}{r^2}\int_{r_1}^{r}\Delta Trdr\right) + \dfrac{r_1^2-(1-2\mu)r^2}{r_1^2+(1-2\mu)r_2^2}\dfrac{1}{r^2}\int_{r_1}^{r_2}\Delta Trdr\right] \\[4mm]
\varepsilon_\theta^T = \dfrac{1+\mu}{1-\mu}\alpha\left[\dfrac{1}{r^2}\int_{r_1}^{r}\Delta Trdr - \dfrac{r_1^2+(1-2\mu)r^2}{r_1^2+(1-2\mu)r_2^2}\dfrac{1}{r^2}\int_{r_1}^{r_2}\Delta Trdr\right]
\end{cases}
\tag{4-11}
$$

由式（4-11）可知，井壁由温度效应引起的应变与弹性模量无关，这与温度应力产生的机理相符。

把各参数代入式（4-10）展开得：

$$
\begin{cases}
\sigma_r^T = -\dfrac{E}{1-\mu}\alpha\left[\dfrac{1}{r^2}\int_{r_1}^{r}\Delta Trdr + \dfrac{1}{r_1^2+(1-2\mu)r_2^2}\left(1-\dfrac{r_1^2}{r^2}\right)\int_{r_1}^{r_2}\Delta Trdr\right] \\[4mm]
\sigma_\theta^T = \dfrac{E}{1-\mu}\alpha\left[\dfrac{1}{r^2}\int_{r_1}^{r}\Delta Trdr - \dfrac{1}{r_1^2+(1-2\mu)r_2^2}\left(1+\dfrac{r_1^2}{r^2}\right)\int_{r_1}^{r_2}\Delta Trdr - \Delta T\right] \\[4mm]
\sigma_z^T = -\dfrac{E}{1-\mu}\alpha\left[\Delta T + \dfrac{2\mu}{r_1^2+(1-2\mu)r_2^2}\int_{r_1}^{r_2}\Delta Trdr\right]
\end{cases}
\tag{4-12}
$$

由式（4-12）可用径向温度应力和环向温度应力表示竖向温度应力：

$$
\sigma_z^T = \mu(\sigma_r^T + \sigma_\theta^T) - E\alpha\Delta T
\tag{4-13}
$$

由式（4-13）可知，若温度保持不变即 ΔT 为 0，则退化为无温度效应的普通平面应变问题。

但实际上还需要考虑混凝土徐变引起的应力松弛，以及由式（4-12）计算得到的温度应力还应该乘上一个混凝土松弛系数 $H(\tau,t)$，可依据文献 [62]《大体积混凝土施工规范》中表 B.6.1 和文献 [94]《工程结构裂缝控制》中表 5-1、表 5-2 取值。

4.1.3 温度应力影响因素分析

从式（4-12）可以看出，影响井壁温度应力的因素主要有井壁温度变化、井壁混凝土的弹性模量、泊松比、热膨胀系数、厚度。考虑到一般计算时，混凝土的泊松比和热膨胀系数都选取固定值。因此，本节选择分析井壁温度变化、井壁混凝土厚度和弹性模量对井壁温度应力的影响规律。

依据正交实验中的 $L_9 3^3$，即三个因素，每个影响因素选择三个水平，见表 4-1。计算时，泊松比为 0.19，热膨胀系数为 $10^{-5}℃^{-1}$，松弛系数取 0.25，并假定井壁内半径为 5m，井壁温度变化呈抛物线分布，井壁中心处温度变化最大，内缘和外缘温度变化均为 $-15℃$。

表 4-1   影响因素水平表

水　平	影　响　因　素		
	最大温度变化/℃	井壁厚度/m	弹性模量/GPa
	A	B	C
1	−20	1	34.5
2	−40	1.5	36
3	−60	2	37.5

取值方案及计算结果见表 4-2，依据计算结果进行影响因素分析，结果见表 4-3。

表 4-2   正交分析取值方案及计算结果

编　号	因素取值水平			计　算　结　果		
	A	B	C	径向温度应力/MPa	环向温度应力/MPa	竖向温度应力/MPa
1	1	1	1	0.37	2.39	2.22
2	1	2	2	0.56	2.62	2.35
3	1	3	3	0.75	2.85	2.49
4	2	1	3	0.69	5.10	4.79
5	2	2	1	0.92	4.87	4.48
6	2	3	2	1.24	5.25	4.74
7	3	1	2	0.94	7.31	6.89
8	3	2	1	1.31	7.25	6.70
9	3	3	3	1.83	8.12	7.37

表 4-3   温度应力影响因素分析表

差数	径向温度应力/MPa			环向温度应力/MPa			竖向温度应力/MPa		
	A	B	C	A	B	C	A	B	C
I_j	0.56	0.67	0.87	2.62	4.94	4.84	2.35	4.63	4.46
II_j	0.95	0.93	0.91	5.07	4.92	5.06	4.67	4.51	4.66
III_j	1.36	1.27	1.09	7.56	5.40	5.36	6.99	4.87	4.89
D_j	0.80	0.60	0.22	4.94	0.49	0.52	4.63	0.36	0.42

根据计算结果表 4-2 和影响因素分析表 4-3 可以得出以下结论：

（1）在 9 组不同参数取值条件下，环向温度应力最大（最大值为 8.12MPa），竖向温度应力次之（最大值为 7.37MPa），径向温度应力最小（最大值为 1.83MPa）。

（2）依据计算结果可以发现，在温差为环向温度应力与竖向温度应力较为接近，平均相差8.5%，径向温度应力平均仅为环向温度应力的1/5。

（3）通过极差分析，最大温度变化、井壁厚度、弹性模量对环向和竖向的温度应力影响作用规律是一致的，影响作用最大的因素是最大温度变化，其次是弹性模量，最后是井壁厚度。对径向温度应力影响最大的因素是温度变化，其次是井壁厚度，最后是弹性模量。

因此，降低井壁内部温度变化，即降低水化热是减少温度应力最有效的措施。

4.1.4 算例分析

以西部某冻结立井井壁温度应力计算为例，该井采用全井深冻结，井筒净直径10m、深度为789.5m，采用双层井壁结构，并设有两段壁座，其中第一段壁座厚度为1.8m，采用C70混凝土，一次浇筑完成。现以第一段壁座的 -565m 水平为计算层位，探讨本书推导的温度应力计算公式——式（4-12）和式（4-13）的运用。

依据现场资料，井壁混凝土标号为C70，泊松比、热膨胀系数等参考《大体积混凝土施工规范》[62]取值，弹性模量采用《大体积混凝土施工规范》[62]中的式（B.3.1-1）近似计算：

$$E(\tau) = E_0(1 - e^{-0.09\tau}) \tag{4-14}$$

式中　E_0——标准条件养护28d弹性模量，近似取37GPa；

　　　τ——混凝土龄期，d。

依据现场实测温度和表4-4中的参数，拟合壁座各时刻温度变化分布表达式和曲线如图4-3所示。

表4-4　井壁温度应力计算参数

参数	r_1/m	r_2/m	ρ/kg·m^{-3}	μ	α/℃$^{-1}$	$H(\tau,t)$
取值	5	6.8	2465.55	0.19	10^{-5}	0.25

$$\begin{cases} \Delta T_1 = 2.16r^2 - 23.14r + 58.86, & t = 50\text{h} \\ \Delta T_2 = 17.53r^2 - 203.74r + 576.90, & t = 100\text{h} \\ \Delta T_3 = 28.91r^2 - 347.16r + 1010.76, & t = 200\text{h} \\ \Delta T_4 = 39.94r^2 - 486.01r + 1428.91, & t = 400\text{h} \\ \Delta T_5 = 45.96r^2 - 562.24r + 1653.43, & t = 800\text{h} \end{cases} \tag{4-15}$$

利用式（4-12）、式（4-13）可得壁座中心处即深度 -565m 处各时刻点的温度应变和温度应力，如图4-5所示。

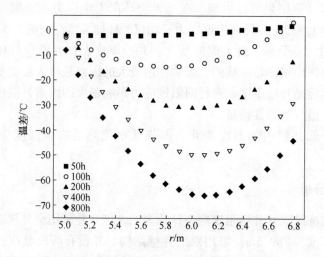

图4-3　壁座各时刻点温度变化分布图

从图4-4可以看出，径向温度应力 σ_r^T 表现为拉应力，沿径向方向呈近似抛物线分布；σ_r^T 最大值出现在壁座外缘位置，最大值为1.46MPa（$t=800h$）；在同一时刻，σ_r^T 随径向坐标 r 的增大而增大，与温度变化 ΔT 分布无关；对于壁座内同一位置，σ_r^T 随着 ΔT 的增大而增大。

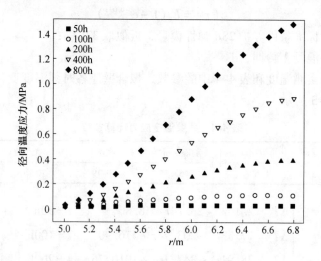

图4-4　各时刻的径向温度应力计算结果

从图4-5可以看出，环向温度应力 σ_θ^T 也表现为拉应力，仅在50h和100h时靠近壁座外缘位置出现压应力，最大压应力为 -0.03 MPa（$t=100h$）；环向温度应力 σ_θ^T 沿径向方向也呈近似抛物线分布，但最大值出现在温度变化 ΔT 最大处附近，最大值为 6.91MPa（$t = 800$h）。在同一时刻，σ_θ^T 与温度变化 ΔT 分布呈正相关性；对于壁座内同一位置，σ_θ^T 也表现出随温度变化 ΔT 增大而增大的规律。

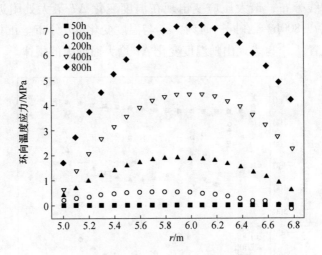

图 4-5　各时刻的环向温度应力计算结果

从图 4-6 可以看出，竖向温度应力 σ_z^T 沿径向方向既出现压应力，也出现拉应力。在同一时刻，竖向温度应力 σ_z^T 以靠近壁座内缘 1/3 厚度处为界，靠近壁座内缘为压应力，靠近外缘为拉应力；竖向温度应力 σ_z^T 沿径向方向呈近似抛物线分布，最大压应力出现在壁座内缘处，最大值为 -4.75MPa（$t = 800$h），最大拉应力出现在靠近壁座外缘 1/3 厚度处，最大值为 1.48MPa（$t = 800$h）。对于壁座内同一位置，σ_z^T 也表现出随温度变化 ΔT 增大而增大的规律。

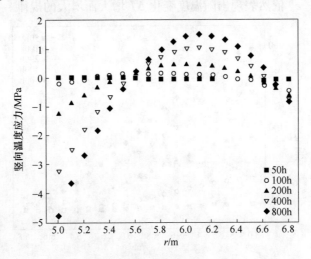

图 4-6　各时刻的竖向温度应力

从图4-7可以看出，径向温度应变 ε_r^T 基本表现为压应变，仅在50h和100h时靠近壁座外缘位置出现拉应变，最大值为 $30.77\mu\varepsilon$（$t=100h$）；ε_r^T 沿径向方向呈近似抛物线分布，最大压应变出现在温度变化 ΔT 最大处附近，最大值为 $-735.42\mu\varepsilon$（$t=800h$）。在同一时刻，ε_r^T 与温度变化 ΔT 分布呈正相关性；对于壁座内同一位置，ε_r^T 也表现出随温度变化 ΔT 增大而增大的规律。

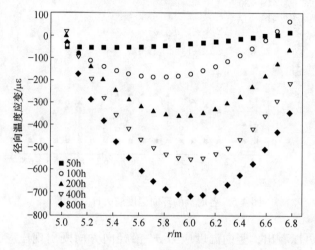

图4-7　各时刻的径向温度应变

从图4-8可以看出，环向温度应变 ε_θ^T 基本表现为拉应变，沿径向方向呈近似抛物线分布，最大拉应变出现在井壁内缘处，最大值为 $196.67\mu\varepsilon$（$t=800h$）。在同一时刻，ε_θ^T 随径向坐标 r 的增大而增大，与温度变化 ΔT 分布无关；对于壁座内同一位置，ε_θ^T 依然表现出随温度变化 ΔT 增大而增大的规律。

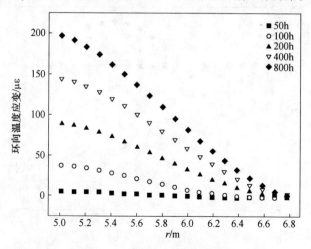

图4-8　各时刻的环向温度应变

从图4-4~图4-6可以看出，800h时，壁座最大温度变化 ΔT 为 $-65℃$，此时最大温度应力为壁座1/2厚度偏外缘位置的环向温度应力 σ_θ^T，达到6.91MPa，大于C70抗拉强度2.99MPa。由此可以看出，冻结井筒施工期间井壁厚度中心处附近出现最大温度拉应力，容易产生温度裂纹，是一处薄弱点。从图4-7和图4-8可以看出，径向温度应变增长速度远大于环向温度应变，800h时，最大径向温度应变为 $-735.42\mu\varepsilon$，最大环向温度应变为 $196.67\mu\varepsilon$，大于极限拉应变 $100\mu\varepsilon$，因此井壁内缘也容易产生温度裂纹，也是一处薄弱点。混凝土抗拉能力差，因此在设计井壁的时候必须充分考虑温度应力的影响。

4.2 基于温度应力史的高水压基岩段井壁受力分析与厚度设计

4.2.1 井壁永久支护下的温度应力分析

假定冻结立井施工期间的井壁应力没有导致井壁混凝土裂纹，按照弹性理论，那么施工期间的井壁混凝土温度应力将叠加到永久载荷作用下的应力场和应变场中。

假设温度变化仅是 r 的函数，即 $T_i = T_i(r)$ （$i = 1$，2，分别代表井壁区，围岩区），混凝土井壁和围岩各向同性，将问题简化为平面应变问题，得到计算模型如图4-9（a）所示。

依据弹性力学中的叠加原理，可以把井壁在永久支护下的应力分为两部分：一部分是由温度变化产生的应力，如图4-9（b）所示；另一部分是由地应力、地下水渗流产生的应力，如图4-9（c）所示。

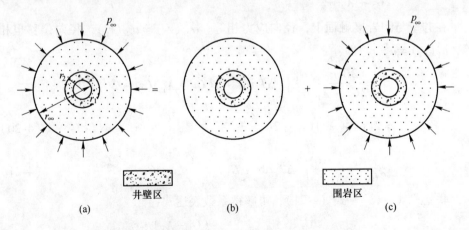

图4-9 井壁永久支护下的温度应力平面应变模型

参考4.1.2节的推导过程，井壁区由温度引起的应力场表达式和位移场表达式为：

$$
\begin{cases}
\sigma_{ir}^{T} = 2(G_i + \lambda_i)C_{i1} - 2G_i \dfrac{C_{i2}}{r^2} - \dfrac{2G_i\kappa_i}{2G_i + \lambda_i} \dfrac{\alpha_i}{r^2}\int_{r_i}^{r}\Delta T_i r \mathrm{d}r \\[3mm]
\sigma_{i\theta}^{T} = 2(G_i + \lambda_i)C_{i1} + 2G_i \dfrac{C_{i2}}{r^2} - \dfrac{2G_i\kappa_i}{2G_i + \lambda_i}\alpha_i\Delta T_i + \dfrac{2G_i\kappa_i}{2G_i + \lambda_i} \dfrac{\alpha_i}{r^2}\int_{r_i}^{r}\Delta T_i r \mathrm{d}r \\[3mm]
\sigma_{iz}^{T} = 2\lambda_i C_{i1} - \dfrac{2G_i\kappa_i}{2G_i + \lambda_i}\alpha_i\Delta T_i \\[3mm]
\tau_{izr}^{T} = 0
\end{cases}
\tag{4-16}
$$

$$
u_i^{T} = \frac{\kappa_i}{2G_i + \lambda_i} \frac{\alpha_i}{r}\int_{r_i}^{r}\Delta T_i r \mathrm{d}r + C_{i1}r + \frac{C_{i2}}{r}
\tag{4-17}
$$

式中　　i——参数，$i = 1$ 时代表井壁区，$i = 2$ 时代表围岩区；

　　　　ΔT_i——温度变化，℃；

　　　　α_i——热膨胀系数，℃$^{-1}$；

G_i，λ_i，κ_i——系数，$G_i = \dfrac{E_i}{2(1 + \mu_i)}$，$\lambda_i = \dfrac{E_i\mu_i}{(1 + \mu_i)(1 - 2\mu_i)}$，$\kappa_i = \dfrac{E_i}{1 - \mu_i}$。

边界条件如下：

井壁内边界自由，即 $\sigma_{1r}^{T}(r_1) = 0$，则：

$$
2(G_1 + \lambda_1)C_{11} - 2G_1 \frac{C_{12}}{r_1^2} = 0
\tag{4-18}
$$

围岩无穷远处径向应力为 0，即 $\sigma_{2r}^{T}(r_\infty) = 0$，则：

$$
-\frac{2G_2\kappa_2}{2G_2 + \lambda_2} \frac{\alpha_2}{r_\infty^2}\int_{r_i}^{r_\infty}\Delta T_2 r \mathrm{d}r + 2(G_2 + \lambda_2)C_{21} - 2G_2 \frac{C_{22}}{r_\infty^2} = 0
\tag{4-19}
$$

在井壁与围岩接触面上，径向应力相等，$\sigma_{1r}^{T}(r_2) = \sigma_{2r}^{T}(r_2)$，径向位移也相等，$u_1^{T}(r_2) = u_2^{T}(r_2)$ 即：

$$
-\frac{2G_1\kappa_1}{2G_1 + \lambda_1} \frac{\alpha_1}{r_2^2}\int_{r_1}^{r_2}\Delta T_1 r \mathrm{d}r + 2(G_1 + \lambda_1)C_{11} - 2G_1 \frac{C_{12}}{r_2^2}
$$

$$
= 2(G_2 + \lambda_2)C_{21} - 2G_2 \frac{C_{22}}{r_2^2}
\tag{4-20}
$$

$$
\frac{\kappa_1}{2G_1 + \lambda_1} \frac{\alpha_1}{r_2}\int_{r_1}^{r_2}\Delta T_1 r \mathrm{d}r + C_{11}r_2 + \frac{C_{12}}{r_2} = C_{21}r_2 + \frac{C_{22}}{r_2}
\tag{4-21}
$$

联立式（4-18）~式（4-21），可解得系数表达式：

$$
\begin{cases}
C_{11} = \dfrac{G_1\kappa_1}{2G_1 + \lambda_1}m_1，\quad C_{12} = \dfrac{(G_1 + \lambda_1)\kappa_1 r_1^2}{2G_1 + \lambda_1}m_1 \\[4mm]
C_{21} = 0，\qquad\qquad C_{22} = \dfrac{G_1\kappa_1 r_2^2}{G_1 - G_2}m_1
\end{cases}
\tag{4-22}
$$

式中，$m_1 = \dfrac{\alpha_1 \displaystyle\int_{r_1}^{r_2} \Delta T_1 r\mathrm{d}r}{(G_1 + \lambda_1)(r_2^2 - r_1^2) + G_2 \dfrac{2G_1 + \lambda_1}{G_1 - G_2} r_2^2}$ 。

把式（4-22）代入式（4-16）和式（4-17）可得井壁区由温度引起的应力场表达式和位移场表达式：

$$\begin{cases} \sigma_{1r}^T = \dfrac{2G_1 \kappa_1}{2G_1 + \lambda_1}\left[(G_1 + \lambda_1)m_1\left(1 - \dfrac{r_1^2}{r^2}\right) - \dfrac{\alpha_1}{r^2}\int_{r_1}^{r} \Delta T_1 r\mathrm{d}r\right] \\[3mm] \sigma_{1\theta}^T = \dfrac{2G_1 \kappa_1}{2G_1 + \lambda_1}\left[(G_1 + \lambda_1)m_1\left(1 + \dfrac{r_1^2}{r^2}\right) + \dfrac{\alpha_1}{r^2}\int_{r_1}^{r} \Delta T_1 r\mathrm{d}r - \alpha_1 \Delta T_1\right] \\[3mm] \sigma_{1z}^T = \dfrac{2G_1 \kappa_1}{2G_1 + \lambda_1}(\lambda_1 m_1 - \alpha_1 \Delta T_1) \\[3mm] \tau_{1zr}^T = 0 \end{cases} \quad (4\text{-}23)$$

$$\begin{cases} \sigma_{2r}^T = -2\dfrac{G_1 G_2 \kappa_1 m_1}{G_1 - G_2}\dfrac{r_2^2}{r^2} - \dfrac{2G_2 \kappa_2}{2G_2 + \lambda_2}\dfrac{\alpha_2}{r^2}\int_{r_2}^{r} \Delta T_2 r\mathrm{d}r \\[3mm] \sigma_{2\theta}^T = 2\dfrac{G_1 G_2 \kappa_1 m_1}{G_1 - G_2}\dfrac{r_2^2}{r^2} + \dfrac{2G_2 \kappa_2 \alpha_2}{2G_2 + \lambda_2}\left(\dfrac{1}{r^2}\int_{r_2}^{r} \Delta T_2 r\mathrm{d}r - \Delta T_2\right) \\[3mm] \sigma_{2z}^T = -\dfrac{2G_2 \kappa_2}{2G_2 + \lambda_2}\alpha_2 \Delta T_2 \\[3mm] \tau_{2zr}^T = 0 \end{cases}$$

$$\begin{cases} u_1^T = \dfrac{\kappa_1}{2G_1 + \lambda_1}\left[\dfrac{\alpha_1}{r}\int_{r_1}^{r} \Delta T_1 r\mathrm{d}r + G_1 m_1 r + \dfrac{r_1^2}{r}(G_1 + \lambda_1)m_1\right] \\[3mm] u_2^T = \dfrac{\kappa_2}{2G_2 + \lambda_2}\dfrac{\alpha_2}{r}\int_{r_2}^{r} \Delta T_2 r\mathrm{d}r + \dfrac{G_1 \kappa_1 m_1}{G_1 - G_2}\dfrac{r_2^2}{r} \end{cases} \quad (4\text{-}24)$$

大体积混凝土井壁永久支护下的温度应力可由式（4-23）乘上松弛系数 $H(\tau, t)$ 计算，式（4-23）涉及的计算参数有混凝土和围岩弹性参数、井壁几何参数、井壁混凝土温度变化函数。弹性参数包括弹性模量和泊松比，可由室内力学实验进行测定；井壁几何参数包括井筒设计净半径和井壁设计厚度，井筒设计净半径依据井筒设计时井筒功能、井内提升容器的类型、尺寸、数量和布置方式，以及其他各种装备排列方式及其安全间隙、梯子间、管缆间的尺寸进行设计，属于确定值，而井壁设计厚度则可先取拟定值；井壁混凝土温度变化函数可依据混凝土配比、井筒环境条件，通过有效元数值计算获得。

4.2.2 基于有效应力原理的井壁应力场分析

西部矿区井筒穿越的地层大部分为第三系的白垩纪和侏罗系地层，地层岩性主要为砂岩和砾岩，富含水并以孔隙含水地层为主，地下水流动也主要为孔隙渗流。假设孔隙含水基岩和散体固结土体的结构相同，仅在材料参数即强度和刚度上存在差异，因此可采用太沙基有效应力原理进行高水压基岩段井壁力学分析。

4.2.2.1 平衡微分方程

考虑重力作用，由弹性力学理论，得出轴对称问题的平衡微分方程为：

$$\begin{cases} \dfrac{\partial \sigma_r}{\partial r} + \dfrac{\sigma_r - \sigma_\theta}{r} + \dfrac{\partial \tau_{zr}}{\partial z} = 0 \\[2mm] \dfrac{\partial \tau_{zr}}{\partial r} + \dfrac{\tau_{zr}}{r} + \dfrac{\partial \sigma_z}{\partial z} = -\gamma \end{cases} \tag{4-25}$$

式中 σ_r, σ_θ, σ_z, τ_{zr}——径向、环向、竖向、切向应力，MPa；

γ——容重，N/m³。

4.2.2.2 有效应力原理

根据太沙基有效应力原理，得出总应力等于有效应力与孔隙水压力之和：

$$\sigma = \sigma' - p_w \tag{4-26}$$

式中 σ——总应力，MPa；

σ'——有效应力，MPa；

p_w——孔隙水压力（"－"负号表示压力），MPa。

4.2.2.3 本构方程

地层变形主要由有效应力引起，由胡克定律得出本构方程为：

$$\begin{cases} \sigma_r' = 2G\varepsilon_r + \lambda e, \quad \sigma_\theta' = 2G\varepsilon_\theta + \lambda e \\[2mm] \sigma_z' = 2G\varepsilon_z + \lambda e, \quad \tau_{zr} = G\gamma_{rz} \end{cases} \tag{4-27}$$

式中 σ_r', σ_θ', σ_z'——径向、环向、竖向有效应力，MPa；

ε_r, ε_θ, ε_z——径向、环向、竖向应变，无量纲；

e——体积应变，无量纲；

G, λ——拉梅系数，MPa。

4.2.2.4 几何方程

由弹性力学可得几何方程：

$$\begin{cases} \varepsilon_r = \dfrac{\partial u}{\partial r}, \quad \varepsilon_\theta = \dfrac{u}{r} \\[2mm] \varepsilon_z = \dfrac{\partial w}{\partial z}, \quad \gamma_{zr} = \dfrac{\partial w}{\partial r} + \dfrac{\partial u}{\partial z} \end{cases} \tag{4-28}$$

式中　u，w——径向、环向位移，m。

4.2.2.5　连续方程

由达西定律可得流固耦合模型的连续性方程为：

$$\frac{\partial e}{\partial t} = -\frac{K}{\gamma_w}\nabla^2 p_w \tag{4-29}$$

式中　t——时间，s；

K——渗流系数，m/h；

γ_w——水的容重，kN/m^3。

联立式（4-25）~式（4-29）可得轴对称下的比奥固结方程：

$$\begin{cases} G\left(\nabla^2 - \dfrac{1}{r^2}\right)u + (G+\lambda)\dfrac{\partial e}{\partial r} + \dfrac{\partial p_w}{\partial r} = 0 \\[2mm] G\nabla^2 w + (G+\lambda)\dfrac{\partial e}{\partial z} + \dfrac{\partial p_w}{\partial r} = -\gamma \\[2mm] \dfrac{\partial e}{\partial t} = -\dfrac{K}{\gamma_w}\nabla^2 p_w \end{cases} \tag{4-30}$$

井筒长期使用，井壁渗水趋于稳定的情况下，地层渗流按稳态问题分析，水头分布保持不变。建立轴对称渗流模型如图 4-10 所示。

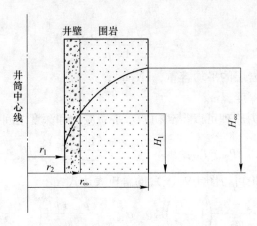

图 4-10　井筒地层渗流模型

井筒单位长度的涌水量公式为：

$$q = \frac{H_\infty}{\dfrac{1}{2\pi K_1}\ln\dfrac{r_2}{r_1} + \dfrac{1}{2\pi K_2}\ln\dfrac{r_\infty}{r_2}} \tag{4-31}$$

井壁外缘边界的水头高度计算公式为：

$$H_1 = \frac{H_\infty \ln \dfrac{r_2}{r_1}}{\ln \dfrac{r_2}{r_1} + \dfrac{K_1}{K_2} \ln \dfrac{r_\infty}{r_2}} \qquad (4-32)$$

式中 q——井筒单位长度的涌水量，$m^3/(m \cdot h)$；

H_1——井壁外缘边界水头高度，m；

H_∞——围岩外边界水头高度，m；

K_1——井壁混凝土渗透系数，m/h；

K_2——围岩渗透系数，m/h。

水头高度与静水压力的关系为：

$$H = \frac{u_w}{\gamma_w} + z \qquad (4-33)$$

由此可得井壁外缘边界和围岩外边界的静水压力：

$$p_{1w} = \gamma_w(H_1 - z_1), \quad p_{\infty w} = \gamma_w(H_\infty - z_\infty) \qquad (4-34)$$

井壁按不透水设计即 $K_1 = 0$ 时，由式（4-32）可得，井壁外缘边界水头高度等于围岩外边界水头高度即 $H_1 = H_\infty$。再由式（4-34）可得，在同一深度井壁外缘边界的静水压力等于围岩外边界的静水压力，即 $p_{1w} = p_{\infty w}$。

假设原岩初始水平有效应力和垂直有效应力符合弹性理论的泊松效应，则：

$$p'_\infty = \frac{(\gamma_a - \gamma_w)\mu_2 H}{1 - \mu_2} \qquad (4-35)$$

式中 γ_a——上覆岩层的平均容重，kN/m^3；

H——计算深度，m。

因此由有效应力原理可以得到初始水平总应力和深度之间的表达式为：

$$p_\infty = p'_\infty + p_{\infty w} = \frac{\mu_2 \gamma_a + (1 - 2\mu_2)\gamma_w}{1 - \mu_2} H \qquad (4-36)$$

由包神衬砌理论可得图 4-9（c）的解析表达式：

$$\begin{cases} \sigma_{1r}^S = -\dfrac{p'_\infty + p_{1w}}{m_2}\left(1 - \dfrac{r_1^2}{r^2}\right)r_2^2, \quad \sigma_{1\theta}^S = -\dfrac{p'_\infty + p_{1w}}{m_2}\left(1 + \dfrac{r_1^2}{r^2}\right)r_2^2 \\[4mm] \sigma_{1z}^S = -\dfrac{\lambda_1}{G_1 + \lambda_1}\dfrac{p'_\infty + p_{1w}}{m_2}r_2^2, \quad \tau_{1zr}^S = 0 \\[4mm] \sigma_{2r}^S = \left[p_\infty - \dfrac{p'_\infty + p_{1w}}{m_2}(r_2^2 - r_1^2)\right]\dfrac{r_2^2}{r^2} - p_\infty, \qquad \sigma_{2z}^S = -\dfrac{\lambda_2}{G_2 + \lambda_2}p_\infty \\[4mm] \sigma_{2\theta}^S = -\left[p_\infty - \dfrac{p'_\infty + p_{1w}}{m_2}(r_2^2 - r_1^2)\right]\dfrac{r_2^2}{r^2} - p_\infty, \quad \tau_{2zr}^S = 0 \end{cases} \qquad (4-37)$$

$$\begin{cases} u_1^S(r) = -\dfrac{rr_2^2}{2G_1 m_2}\left(\dfrac{r_1^2}{r^2} + \dfrac{G_1}{G_1 + \lambda_1}\right)(p_\infty' + p_{1w}) \\[4mm] u_2^S(r) = -\dfrac{r_2^2}{2G_2 r}\left(1 - \dfrac{r_2^2 - r_1^2}{m_2}\right)(p_\infty' + p_{1w}) \end{cases} \tag{4-38}$$

其中，$m_2 = \left(1 + \dfrac{G_2}{G_1 + \lambda_1}\right)r_2^2 - \left(1 - \dfrac{G_2}{G_1}\right)r_1^2$。

由式（4-37）可以得出井壁外缘的径向应力，即井壁的外载荷：

$$p = -\sigma_{1r}^S(r = r_2) = \frac{1}{m_2}(r_2^2 - r_1^2)(p_\infty' + p_{1w}) \tag{4-39}$$

对式（4-39）两边同除以 p_{1w}，并把 m_2 的表达式代入，可得到井壁外荷载与井壁外缘静水压力的比值：

$$\frac{p}{p_{1w}} = \frac{1 + \xi_1}{1 + \xi_2} \tag{4-40}$$

其中，$\xi_1 = \dfrac{p_\infty'}{p_{1w}}$，$\xi_2 = \dfrac{\dfrac{G_2}{G_1}(1 - 2\mu_1)r_2^2 + \dfrac{G_2}{G_1}r_1^2}{r_2^2 - r_1^2}$。

由式（4-40）可知，井壁外荷载与井壁外缘的静水压力之比取决于等式右边分子中的 ξ_1 和分母中的 ξ_2 的大小。

（1）$\xi_1 > \xi_2$。若 $\xi_1 > \xi_2$，由式（4-40）可知井壁外荷载与井壁外缘的静水压力之比大于1。由有效应力原理可知，作用在井壁外缘的有效应力为压应力。

（2）$\xi_1 = \xi_2$。若 $\xi_1 = \xi_2$，由式（4-40）可知井壁外荷载与井壁外缘的静水压力之比等于1。由有效应力原理可知，作用在井壁外缘的有效应力为0，即井壁只承受静水压力。

（3）$\xi_1 < \xi_2$。若 $\xi_1 < \xi_2$，由式（4-40）可知井壁外荷载与井壁外缘的静水压力之比小于1。由有效应力原理可知，作用在井壁外缘的有效应力为拉应力。

因此，如果满足 $\xi_1 < \xi_2$ 的条件，就能使井壁外荷载小于静水压力，从而达到优化井壁厚度的目的。

若井壁设计为不透水的，即认为围岩区内的水不会向井内流动，因此井壁外侧的静水压力 p_{1w} 等于原岩静水压力 $p_{\infty w}$，即 $p_\infty' + p_{1w} = p_\infty$。式（4-37）和式（4-38）应力场和位移场中的载荷项就可简化为地层初始水平总应力 p_∞，此时式（4-40）变为：

$$\frac{p}{p_\infty} = \frac{1}{1 + \xi_2} \tag{4-41}$$

对 ξ_2 进行分析，很容易发现 $\xi_2 > 0$，因此由式（4-41）可知等式右边小于1，即井壁外缘外荷载 p 会小于地层初始水平总应力 p_∞。而根据我国2017年4月1日开始实施的《煤矿立井井筒及硐室设计规范》（GB 50384—2016）[34]，井壁设计采用拉麦公式，是直接把原岩应力当作井壁外载荷的，因此由式（4-41）可知包神衬砌理论与拉麦公式相比，该理论能够实现优化井壁厚度的目标。

4.2.3　热力耦合分析及井壁设计

将图 4-9（b）、（c）模型的解析解叠加就可以得到图 4-9（a）的解析解，即井壁永久支护下的井壁和围岩区位移场、应力场表达式：

$$u_1 = \frac{\kappa_1}{2G_1 + \lambda_1}\left[\frac{\alpha_1}{r}\int_{r_1}^{r}\Delta T_1 r\mathrm{d}r + G_1 m_1 r + \frac{r_1^2}{r}(G_1 + \lambda_1)m_1\right] -$$
$$\frac{rr_2^2}{2G_1 m_2}\left(\frac{r_1^2}{r^2} + \frac{G_1}{G_1 + \lambda_1}\right)(p_\infty' + p_{1w}) \tag{4-42}$$

$$u_2 = \frac{\kappa_2}{2G_2 + \lambda_2}\frac{\alpha_2}{r}\int_{r_2}^{r}\Delta T_2 r\mathrm{d}r + \frac{G_1\kappa_1 m_1}{G_1 - G_2}\frac{r_2^2}{r} -$$
$$\frac{r_2^2}{2G_2 r}\left(1 - \frac{r_2^2 - r_1^2}{m_2}\right)(p_\infty' + p_{1w}) \tag{4-43}$$

$$\left\{\begin{aligned}
&\sigma_{1r} = \sigma_{1r}^T H(\tau, t) + \sigma_{1r}^S = \frac{2G_1\kappa_1}{2G_1 + \lambda_1}H(\tau, t)\left[(G_1 + \lambda_1)m_1\left(1 - \frac{r_1^2}{r^2}\right) - \right.\\
&\left.\frac{\alpha_1}{r^2}\int_{r_1}^{r}\Delta T_1 r\mathrm{d}r\right] - \frac{p_\infty' + p_{1w}}{m_2}\left(1 - \frac{r_1^2}{r^2}\right)r_2^2\\
&\sigma_{1\theta} = \sigma_{1\theta}^T H(\tau, t) + \sigma_{1\theta}^S = \frac{2G_1\kappa_1}{2G_1 + \lambda_1}H(\tau, t)\left[(G_1 + \lambda_1)m_1\left(1 + \frac{r_1^2}{r^2}\right) + \right.\\
&\left.\frac{\alpha_1}{r^2}\int_{r_1}^{r}\Delta T_1 r\mathrm{d}r - \alpha_1\Delta T_1\right] - \frac{p_\infty' + p_{1w}}{m_2}\left(1 + \frac{r_1^2}{r^2}\right)r_2^2\\
&\sigma_{1z} = \sigma_{1z}^T H(\tau, t) + \sigma_{1z}^S = \frac{2G_1\kappa_1}{2G_1 + \lambda_1}H(\tau, t)(\lambda_1 m_1 - \alpha_1\Delta T_1) - \frac{\lambda_1}{G_1 + \lambda_1}\frac{p_\infty' + p_{1w}}{m_2}r_2^2\\
&\tau_{1zr} = \tau_{1zr}^T + \tau_{1zr}^S = 0
\end{aligned}\right. \tag{4-44}$$

$$\left\{\begin{aligned}
&\sigma_{2r} = \sigma_{2r}^T + \sigma_{2r}^S = -2\frac{G_1 G_2\kappa_1 m_1}{G_1 - G_2}\frac{r_2^2}{r^2} - \frac{2G_2\kappa_2}{2G_2 + \lambda_2}\frac{\alpha_2}{r^2}\int_{r_2}^{r}\Delta T_2 r\mathrm{d}r + \\
&\left[p_\infty - \frac{p_\infty' + p_{1w}}{m_2}(r_2^2 - r_1^2)\right]\frac{r_2^2}{r^2} - p_\infty\\
&\sigma_{2\theta} = \sigma_{2\theta}^T + \sigma_{2\theta}^S = 2\frac{G_1 G_2\kappa_1 m_1}{G_1 - G_2}\frac{r_2^2}{r^2} + \frac{2G_2\kappa_2\alpha_2}{2G_2 + \lambda_2}\left(\frac{1}{r^2}\int_{r_2}^{r}\Delta T_2 r\mathrm{d}r - \Delta T_2\right) - \\
&\left[p_\infty - \frac{p_\infty' + p_{1w}}{m_2}(r_2^2 - r_1^2)\right]\frac{r_2^2}{r^2} - p_\infty\\
&\sigma_{2z} = \sigma_{2z}^T + \sigma_{2z}^S = -\frac{2G_2\kappa_2}{2G_2 + \lambda_2}\alpha_2\Delta T_2 - \frac{\lambda_2}{G_2 + \lambda_2}p_\infty\\
&\tau_{2zr} = \tau_{2zr}^T + \tau_{2zr}^S = 0
\end{aligned}\right. \tag{4-45}$$

由 4.1 节井筒施工期间井壁温度应力分析可知，井壁环向温度应力 $\sigma_{1\theta}^T$ 最大，竖向温度应力 σ_{1z}^T 次之，而径向温度应力 σ_{1r}^T 最小；而由 4.2.2 节可知，由地应力引起的井壁应力场中，环向应力 $\sigma_{1\theta}^S$ 最大，竖向应力 σ_{1z}^S 次之，而径向应力 σ_{1r}^S 最小。因此温度场和应力场耦合作用下，井壁主应力顺序为：环向应力 $\sigma_{1\theta}$ 为最大主应力，竖向应力 σ_{1z} 为中间应力，径向应力 σ_{1r} 为最小主应力。

由最大剪应力理论及第三强度理论得：

$$| \sigma_{1\theta} - \sigma_{1r} | = \sigma_{1r} - \sigma_{1\theta} \leqslant [\sigma] \tag{4-46}$$

把式（4-44）代入式（4-46）可得：

$$\frac{2G_1\kappa_1}{2G_1 + \lambda_1}H(\tau,t)\left[-2(G_1 + \lambda_1)m_1\frac{r_1^2}{r^2} - 2\frac{\alpha_1}{r^2}\int_{r_1}^r \Delta T_1 r\mathrm{d}r + \right.$$

$$\left. \alpha_1\Delta T_1\right] + 2\frac{p_\infty' + p_{1w}}{m_2}\frac{r_1^2 r_2^2}{r^2} \leqslant [\sigma] \tag{4-47}$$

在井壁永久支护下，井壁的应力分布将受到温度变化分布函数 ΔT_1 的影响。依据第 3 章的冻结井筒施工期间井壁温度场研究可知，井壁温度变化沿径向呈近似二次抛物线分布，开口向上，极值点位于井壁 1/2 厚度靠近外缘处，由此假设温度变化函数 ΔT_1 具有如下函数表达式：

$$\Delta T_1 = \alpha(r - r_m)^2 - \Delta T_{max} \tag{4-48}$$

式中 α——温度变化分布相关的系数（正值），$^\circ\text{C}/\text{m}^2$；

　　r_m——温度变化最大处径向坐标，m；

ΔT_{max}——温度变化最大值（正值），$^\circ\text{C}$。

把式（4-48）代入式（4-47）并对不等式左边求导可得：

$$\frac{2G_1\kappa_1}{2G_1 + \lambda_1}H(\tau,t)\left[4(G_1 + \lambda_1)m_1\frac{r_1^2}{r^3} + 4\frac{\alpha_1}{r^3}\int_{r_1}^r \Delta T_1 r\mathrm{d}r - \right.$$

$$\left. 2\frac{\alpha_1}{r}(\alpha r_m^2 - \alpha r r_m - \Delta T_{max})\right] - 4\frac{p_\infty' + p_{1w}}{m_2}\frac{r_1^2 r_2^2}{r^3} \tag{4-49}$$

分析式（4-49），依据 4.1 节可知温度应力在径向上的变化率小于由地应力引起的应力，即式（4-49）中前半部分的绝对值小于后半部分的绝对值，即：

$$\left| \frac{2G_1\kappa_1}{2G_1 + \lambda_1}H(\tau,t)\left[4(G_1 + \lambda_1)m_1\frac{r_1^2}{r^3} + 4\frac{\alpha_1}{r^3}\int_{r_1}^r \Delta T_1 r\mathrm{d}r - \right.\right.$$

$$\left.\left. 2\frac{\alpha_1}{r}(\alpha r_m^2 - \alpha r r_m - \Delta T_{max})\right]\right| < \left| 4\frac{p_\infty' + p_{1w}}{m_2}\frac{r_1^2 r_2^2}{r^3}\right| \tag{4-50}$$

$$m_2 = \left(1 + \frac{G_2}{G_1 + \lambda_1}\right)r_2^2 - \left(1 - \frac{G_2}{G_1}\right)r_1^2 > 0 \rightarrow 4\frac{p_\infty' + p_{1w}}{m_2}\frac{r_1^2 r_2^2}{r^3} > 0 \tag{4-51}$$

因此由式（4-50）和式（4-51）可作如下推导：

$$\left|\frac{2G_1\kappa_1}{2G_1+\lambda_1}H(\tau,t)\left[4(G_1+\lambda_1)m_1\frac{r_1^2}{r^3}+4\frac{\alpha_1}{r^3}\int_{r_1}^{r}\Delta T_1 r\mathrm{d}r-2\frac{\alpha_1}{r}(\alpha r_m^2-\alpha r r_m-\Delta T_{max})\right]\right|$$

$$<4\frac{p'_\infty+p_{1w}}{m_2}\frac{r_1^2 r_2^2}{r^3}\rightarrow-4\frac{p'_\infty+p_{1w}}{m_2}\frac{r_1^2 r_2^2}{r^3}<\frac{2G_1\kappa_1}{2G_1+\lambda_1}H(\tau,t)$$

$$\left[4(G_1+\lambda_1)m_1\frac{r_1^2}{r^3}+4\frac{\alpha_1}{r^3}\int_{r_1}^{r}\Delta T_1 r\mathrm{d}r-2\frac{\alpha_1}{r}(\alpha r_m^2-\alpha r r_m-\Delta T_{max})\right]$$

$$<4\frac{p'_\infty+p_{1w}}{m_2}\frac{r_1^2 r_2^2}{r^3}\rightarrow-8\frac{p'_\infty+p_{1w}}{m_2}\frac{r_1^2 r_2^2}{r^3}<\frac{2G_1\kappa_1}{2G_1+\lambda_1}H(\tau,t)$$

$$\left[4(G_1+\lambda_1)m_1\frac{r_1^2}{r^3}+4\frac{\alpha_1}{r^3}\int_{r_1}^{r}\Delta T_1 r\mathrm{d}r-2\frac{\alpha_1}{r}(\alpha r_m^2-\alpha r r_m-\Delta T_{max})\right]-$$

$$4\frac{p'_\infty+p_{1w}}{m_2}\frac{r_1^2 r_2^2}{r^3}<0 \tag{4-52}$$

因此式（4-47）不等式左边的导数小于 0，为减函数，由此可知，井壁最大剪应力位置即井壁危险点出现在井壁内缘 r_1。由式（4-47）和式（4-48）可得其应力值：

$$\tau_{max}=\frac{2G_1\kappa_1}{2G_1+\lambda_1}H(\tau,t)\left[-2(G_1+\lambda_1)m_1+\alpha_1 a(r_1-r_m)^2-\alpha_1\Delta T_{max}\right]+$$

$$2\frac{p'_\infty+p_{1w}}{m_2}r_2^2\leqslant[\sigma] \tag{4-53}$$

为了简化讨论，以最不利情况进行分析。假设井壁内部温度处处相等且降温速率也一致，即 ΔT_1 为常数 $-\Delta T_{max}$，再把 m_1 和 m_2 代入式（4-53）得：

$$\tau_{max}=2G_1\frac{(G_1+\lambda_1)(p'_\infty+p_{1w})-G_2\kappa_1\alpha_1 H(\tau,t)\Delta T_{max}}{(G_1+\lambda_1)(G_1-G_2)(r_2^2-r_1^2)+G_2(2G_1+\lambda_1)r_2^2}r_2^2\leqslant[\sigma] \tag{4-54}$$

化简（4-54）可得温度应力、地应力耦合作用下的井壁厚度设计公式：

$$th=r_2-r_1\geqslant\left(\sqrt{\frac{\left(1-\frac{G_2}{G_1}\right)[\sigma]}{\left(1+\frac{G_2}{G_1+\lambda_1}\right)[\sigma]-2\left(p'_\infty+p_{1w}-\frac{G_2\kappa_1\alpha_1 H(\tau,t)\Delta T_{max}}{G_1+\lambda_1}\right)}}-1\right)r_1 \tag{4-55}$$

要使式（4-55）有意义，必须满足：

$$\begin{cases}2\frac{G_1}{G_2}(G_1+\lambda_1)(p'_\infty+p_{1w})-2G_1\kappa_1\alpha_1 H(\tau,t)\Delta T_{max}-(2G_1+\lambda_1)[\sigma]>0\\(G_1+G_2+\lambda_1)[\sigma]-2(p'_\infty+p_{1w})(G_1+\lambda_1)+2G_2\kappa_1\alpha_1 H(\tau,t)\Delta T_{max}>0\end{cases}$$

$$\tag{4-56}$$

由式（4-56）可以得出允许的井壁降温最大值 $\Delta T_{\max}$：

$$\Delta T_{\max} < \frac{2G_1(G_1 + \lambda_1)(p'_\infty + p_{1w}) - G_2(2G_1 + \lambda_1)[\sigma]}{2G_1G_2\kappa_1\alpha_1H(\tau,t)} \quad (4-57)$$

式（4-57）可为井壁混凝土浇筑施工时的温度控制提供理论指导：假设某矿山井筒控制层井壁混凝土采用 C60，剪切模量 G_1 为 15.13GPa，泊松比 μ_1 为 0.19，热膨胀系数 α_1 为 $10^{-5}℃^{-1}$，松弛系数 $H(\tau,t)$ 为 0.25，考虑混凝土强度折减系数 0.9，许用抗压强度 $[\sigma]$ 为 26MPa；围岩为泥岩，剪切模量 G_2 为 4.25GPa，水平初始总应力 $p'_\infty + p_{1w}$ 为 7.12MPa，则由式（4-56）可得允许的降温最大值 $\Delta T_{\max}$ 为 47.72℃，因此在井筒施工时需要控制井壁混凝土的降温不超过 47.72℃，否则容易引起井壁开裂。若此时，设计井筒净半径为 5m，井筒施工期间控制井壁最大降温为 40℃，考虑 1.3 的安全系数，则由式（4-55）计算得到井壁厚度为 0.77m；若不考虑温度场作用即降温为 0，则式（4-55）退化为包神衬砌设计公式，此时计算的井壁厚度为 1.24m。由此可以看出，在井壁永久支护设计中，若考虑温度场与应力场耦合作用，由于温度拉应力的存在，抵消井壁所受的部分压应力，从而减小井壁设计厚度。

此外，井壁设计为不透水，则由式（4-56）可以得出式（4-55）井壁厚度设计公式适用的深度范围为：

$$\begin{cases} H < \dfrac{(1-\mu_2)\left\{\dfrac{1}{2}\left[\dfrac{G_2}{G_1}(1-2\mu_1)+1\right][\sigma] + 2G_2(1+\mu_1)\alpha_1H(\tau,t)\Delta T_{\max}\right\}}{\mu_2\gamma_a + (1-2\mu_2)\gamma_w} \\[4mm] H > \dfrac{(1-\mu_2)\left[\dfrac{G_2}{G_1}(1-\mu_1)[\sigma] + 2G_2(1+\mu_1)\alpha_1H(\tau,t)\Delta T_{\max}\right]}{\mu_2\gamma_a + (1-2\mu_2)\gamma_w} \end{cases}$$

$$(4-58)$$

沿用式（4-57）案例计算的参数，假设计算层位为含水层，补充围岩容重 γ_a 为 24.1kN/m³，泊松比 μ_2 为 0.33，水的容重 γ_w 为 9.8kN/m³，则当井筒施工期间控制井壁最大降温为 40℃，考虑 1.3 的安全系数，由式（4-55）井壁厚度设计公式的适用极限井筒深度为 743.3m。若不考虑温度场耦合作用即用包神衬砌设计公式的适用极限井筒深度为 697.1m。由此可以看出，考虑温度场耦合作用，同等强度条件的混凝土实际可以抵抗更高的水平地应力。

式（4-58）中下限的力学意义是若深度小于下限，则理论上井筒可以不用支护，仅仅依靠围岩就行，但没有反映出井壁对封水功能的要求。

5　工程实测与理论分析

本章将基于我国某煤矿副立井井壁结构实测数据，分析冻结立井基岩段井壁在施工期间的应力应变分布，并结合前面的理论研究成果进行施工期间井壁结构稳定性分析。

5.1　矿山井筒井壁实测分析

5.1.1　井筒概况

该煤矿位于我国西部，副立井井筒设计深度为 789.5m，井筒设计净直径为 10m。

该煤矿井田井筒检查钻孔地质报告表明：井筒将穿过深厚富含水的白垩系和侏罗系地层，地层岩性为砂岩、砾岩岩体，均为泥质或砂泥质胶结，胶结程度较疏松，地层可注性差，因此井筒采取冻结凿井方案（冻结的实际深度是 850m），而没有采用普通注浆法凿井施工。副立井冻结孔分三圈布置，以井口标高 +1247.5m 为起始深度，主圈孔冻结深度 805m，冻结孔 42 个；辅助孔冻结深度 430m，冻结孔 19 个；防片孔冻结深度 50m，冻结孔 19 个。

副立井井筒采用双层钢筋混凝土井壁结构，外壁临时支护，内壁承担永久水土压力。内外壁之间设置 PVC 塑料夹层，浇筑内壁时敷设，目的是减少内壁原生裂纹，并联合作用，增加内壁的防水性能；内壁的内外侧两圈用竖向钢筋加环向钢筋再加径向钢筋加固。外壁从上到下，厚度均为 400mm、混凝土等级均为 C50；内壁从上到下混凝土强度从 C50 增加最高达到 CF70 高强度混凝土，并进行了 3 次厚度变化；井筒共设有三处壁座，壁座都没有外扩荒径，和本段井壁等厚度，但加了钢筋锚杆支护，是一次浇筑的构造，见表 5-1。

表 5-1　副立井井壁结构参数

深度/m	内　壁		外　壁	
	厚度/mm	混凝土标号	厚度/mm	混凝土标号
0 ~ −280	1150	C50	400	C50
−280 ~ −360	1150	C50	400	C50
−360 ~ −430	1150	C60	400	C50
−430 ~ −500	1400	C60	400	C50

深度/m	内 壁		外 壁	
	厚度/mm	混凝土标号	厚度/mm	混凝土标号
-500 ~ -540	1400	C65	400	C50
-540 ~ -561	1400	C70	400	C50
-561 ~ -570	1803	C70	壁 座	
-570 ~ -590	1403	C60	400	C50
-590 ~ -635	1403	C65	400	C50
-635 ~ -680	1403	C70	400	C50
-680 ~ -698.5	1403	CF70	400	C50
-698.5 ~ -711.5	1803	CF70	壁 座	
-711.5 ~ -729.5	1550	CF70	400	C50
-729.5 ~ -759.5	1950	CF70	壁 座	
-759.5 ~ -789.5	1550	C70	400	C50

5.1.2 监测方案

5.1.2.1 监测目的和内容

本次井壁结构监测目的和内容有如下两个方面。

（1）井壁（径、环和竖向）应力应变监测。在井壁内部预埋混凝土应变计和钢筋应力计，监测井壁内部的应力应变状态，研究由水化热引起的施工期间井壁径向、环向和竖向应力应变变化规律，分析温度应力和不同井壁结构对井壁承载性能的影响。

（2）井壁混凝土无应力应变监测。在井壁中心预埋无应力应变计，监测混凝土在水化反应期间自身应变的变化情况，分析无应力情况下混凝土施工期间自身应变变化规律。

5.1.2.2 监测层位及测点布置

本次井壁结构监测一共设置三个监测水平，如图 5-1 所示。

（1）-704 水平（第一监测水平）：-704m 壁座，地层为侏罗系延安组。

（2）-565 水平（第二监测水平）：-565m 壁座，地层为侏罗系直罗组。

（3）-424 水平（第三监测水平）：-424m 井壁，地层为白垩系志丹群。

每个水平设置三个方位（夹角 120°）的监测点，每个测点设置的应变计和钢筋计基本一致，另外在每一个水平布置一个无应力计，如图 5-2 所示。

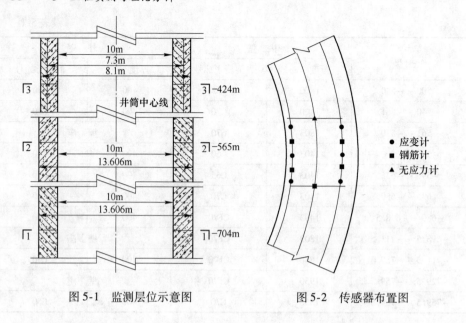

图 5-1 监测层位示意图 图 5-2 传感器布置图

5.1.2.3 监测系统

监测系统如图 5-3 所示，主要由传感器、采集模块、通讯模块以及计算机组成，本次监测采用的是 485-USB 通讯方式。该系统结构简单可靠、易于安装，适用于室内和户外各种环境，可进行有线连接、远程控制自动定时测量。

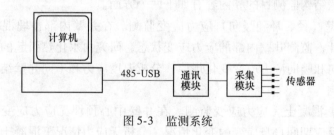

图 5-3 监测系统

5.1.3 监测数据分析

5.1.3.1 混凝土应变实测数据分析

混凝土应变测试采用的是振弦式传感器，读取的是频率值，经过一个简单的公式（5-1）转换可以得到应变值。

$$\varepsilon_i = K(f_i^2 - f_0^2) \tag{5-1}$$

式中 ε_i——时刻 i 的混凝土应变，$\mu\varepsilon$；

K——传感器率定系数，由厂家出厂时提供，$\mu\varepsilon/\mathrm{Hz}^2$；

f_0——传感器初始频率，Hz；

f_i——时刻 i 的传感器读取频率，Hz。

从式（5-1）可以看出，应变计的初始频率 f_0 是否准确直接关系到混凝土应变的准确性。应变计出厂时，传感器厂家做过标定，会提供初始频率 f_0。但在工程现场，应变计在埋设安装时，已经处于受力状态，因此应变计的初始频率 f_0 不能选择出厂值。

式（5-2）为时刻 j 的混凝土应变计算式。式（5-2）与式（5-1）相减，可以得到时刻 j 相比时刻 i 的应变增量式（5-3）。式（5-3）中消除了初始频率，避免了应变计的初始频率取值不准的问题。此外，采用应变增量，也可反映混凝土结构的应变变化规律。

$$\varepsilon_j = K(f_j^2 - f_0^2) \tag{5-2}$$

$$\Delta\varepsilon_{j-i} = \varepsilon_j - \varepsilon_i = K(f_j^2 - f_i^2) \tag{5-3}$$

式中 ε_j——时刻 j 的混凝土应变，$\mu\varepsilon$；

f_j——时刻 j 传感器读取频率，Hz；

$\Delta\varepsilon_{j-i}$——时刻 j 相比时刻 i 的混凝土应变增量，$\mu\varepsilon$。

经过实测数据整理，剔除异常数据，以初始时刻的应变计读数为初始频率，可得到井壁混凝土内缘和外缘三个方向的应变增量随时间变化曲线。

A 径向应变增量数据分析

如图 5-4 ~ 图 5-9 所示为三个水平的内、外缘径向应变增量随时间延长的曲线，由于传感器自身问题、工程现场的复杂工况导致部分数据跳跃异常甚至丢失，因此绘制的曲线都不是特别完整，部分曲线缺失，但应变随时间变化的基本规律依然可以在图中体现：三个监测水平中不同测点的内缘径向应变增量和外缘径向应变增量变化规律基本一致，都经历了由递减到递增的变化过程，说明井壁混凝土浇筑后，井壁经历了从受压逐渐过渡到受拉的变化过程。

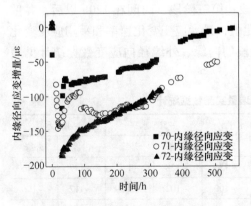

图 5-4 −704 水平内缘径向应变增量

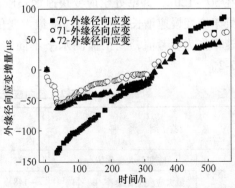

图 5-5 −704 水平外缘径向应变增量

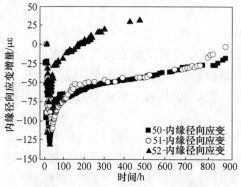

图 5-6　-565 水平内缘径向应变增量　　　　图 5-7　-565 水平外缘径向应变增量

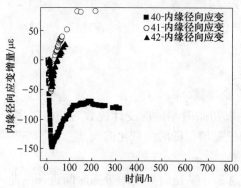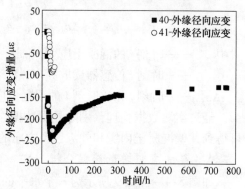

图 5-8　-424 水平内缘径向应变增量　　　　图 5-9　-424 水平外缘径向应变增量

　　仔细观察图 5-4～图 5-9 可以发现，由于数据曲线部分缺失，以应变曲线的斜率即应变变化速率为分析指标，可以把井壁内、外缘径向应变变化过程分为三个阶段：第一阶段，时间在 0～30h，井壁处于应变递减阶段；第二阶段，时间在 30～120h，井壁处于应变快速增长阶段；第三阶段，时间在 120h 以后，井壁处于应变慢速增长阶段。以应变最大变化值，最大应变变化速率和平均应变变化速率作为参考值，三个监测水平不同阶段的内缘、外缘径向应变数据统计见表 5-2。

表 5-2　径向应变增量实测数据统计

监 测 水 平		-704 水平		-565 水平		-424 水平	
		内缘	外缘	内缘	外缘	内缘	外缘
第一阶段	应变最大变化值/$\mu\varepsilon$	-185	-136	-128	-140	-147	-246
	最大应变变化速率/$\mu\varepsilon \cdot d^{-1}$	-148	-109	-102	-98.9	-117	-196
	平均应变变化速率/$\mu\varepsilon \cdot d^{-1}$	-119	-69.3	-89.4	-68.2	-72.2	-150

监测水平		-704 水平		-565 水平		-424 水平	
		内缘	外缘	内缘	外缘	内缘	外缘
第二阶段	应变最大变化值/με	41.3	49.5	60.8	112	137	74.3
	最大应变变化速率/με·d⁻¹	11.1	13.2	14.7	11.1	30.7	—
	平均应变变化速率/με·d⁻¹	9.7	8.5	13.9	9.1	26.8	—
第三阶段	应变最大变化值/με	73.4	171	57.1	176	—	—
	最大应变变化速率/με·d⁻¹	5.8	9.7	2.7	6.6	—	—
	平均应变变化速率/με·d⁻¹	4.7	6.6	2.1	5.1	—	—

第一阶段内缘径向应变最大变化值以 -704 水平最大 (-185με), -424 水平次之, -565 水平最小, 但差别不大, 差值仅为 57με; 第一阶段内缘径向最大应变变化速率也以 -704 水平最大 (-148με/d), -424 水平次之, -565 水平最小, 差别也不大, 差值仅为 46με/d; 第一阶段内缘径向平均应变变化速率以 -704 水平最大 (-119με/d), -565 水平次之, -424 水平最小, 差值仅为 46.8με/d。第一阶段外缘径向应变最大变化值以 -424 水平最大 (-246με), -565 水平次之, -704 水平最小, 差别稍大, 差值为 110με; 第一阶段外缘径向最大应变变化速率也以 -424 水平最大 (-196με/d), -704 水平次之, -565 水平最小, 差值为 97.1με/d; 第一阶段外缘径向平均应变变化速率以 -424 水平最大 (-150με/d), -704 水平次之, -565 水平最小, 差值为 81.8με/d。

第二阶段内缘径向应变最大变化值 (与初始时刻 0h 相比), 以 -424 水平最大 (137με), -565 水平次之, -704 水平最小, 差值为 95.7με; 第二阶段的内缘径向最大应变变化速率也以 -424 水平最大 (30.7με/d), -565 水平次之, -704 水平最小, 差别不大, 差值仅为 19.6με/d; 第二阶段的内缘径向平均应变变化速率也以 -424 水平最大 (26.8με/d), -565 水平次之, -704 水平最小, 差别依然不大, 差值仅为 17.1με/d。第二阶段外缘径向应变最大变化值 (与初始时刻 0h 相比 以 -565 水平最大 (112με), -424 水平次之, -704 水平最小, 差别不大, 差值为 62.5με; 第二阶段的外缘径向最大应变变化速率以 -704 水平最大 (13.2με/d), -565 水平次之, 但相差极小, 差值仅为 2.1με/d; 第二阶段外缘径向平均应变变化速率以 -565 水平最大 (9.1με/d), -704 水平次之, 相差也极小, 差值仅为 0.6με/d。

第三阶段中, 内缘径向应变最大变化值 (与初始时刻 0h 相比) 以 -704 水平最大 (73.4με), -565 水平次之, 但差别不大, 差值仅为 16.3με; 第三阶段内缘径向最大应变变化速率也以 -704 水平最大 (5.8με/d), -565 水平次之, 差别也不大, 差值仅为 3.1με/d; 第三阶段内缘径向平均应变变化速率以 -704

水平最大（4.7με/d），－565 水平次之，差别依然不大，差值仅为 2.6με/d。第三阶段外缘径向应变最大变化值（与初始时刻 0h 相比）以－565 水平最大（176με），－704 水平次之，差别极小，差值仅为 5με；第三阶段外缘径向最大应变变化速率以－704 水平最大（9.7με/d），－565 水平次之，差值仅为 3.1με/d。第三阶段外缘径向平均应变变化速率以－704 水平最大（6.6με/d），－565 水平次之，差值为 1.5με/d。

此外，从表 5-2 可以看出，三个监测水平的外缘径向应变大多数都大于内缘径向应变的变化值，比值为 1.1～3.1。

B　环向应变实测数据分析

如图 5-10～图 5-15 所示为三个水平的内、外缘环向应变增量随时间变化的曲线，由于传感器自身问题、工程现场的复杂工况导致部分数据跳跃异常甚至丢失，－424 水平内缘环向和外缘环向应变增量曲线缺失严重，均缺少 2 个测点的应变增量曲线。与径向应变变化规律相似，三个监测水平中不同测点的内缘环向应变和外缘环向应变变化规律基本一致，都经历了由递减到递增的变化过程，说明井壁混凝土浇筑后，井壁经历了从受压逐渐过渡到受拉的变化过程。其中－565 水平内缘环向应变增量经历了由递减到递增再到递减的过程，即井壁经历了由受压到受拉再到受压的过程，这与同一水平的外缘环向应变变化规律不同，也与其它水平的内缘环向应变变化过程不同。

以应变增量曲线的斜率即应变变化速率为分析指标，也可以把井壁内、外缘环向应变变化过程分为三个阶段：第一阶段，时间在 0～36h，井壁处于应变递减阶段；第二阶段，时间在 36～143h，井壁处于应变快速增长阶段；第三阶段，时间在 143h 之后，井壁处于应变慢速增长阶段。以应变最大变化值，最大应变变化速率和平均应变变化速率作为参考值，三个监测水平不同阶段的内缘、外缘环向应变增量数据统计见表 5-3。

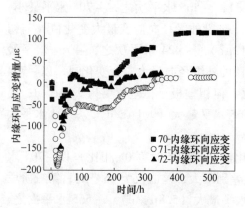

图 5-10　－704 水平内缘环向应变增量

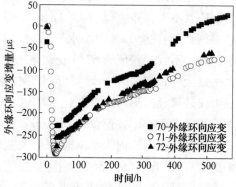

图 5-11　－704 水平外缘环向应变增量

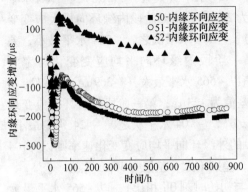

图 5-12 -565 水平内缘环向应变增量

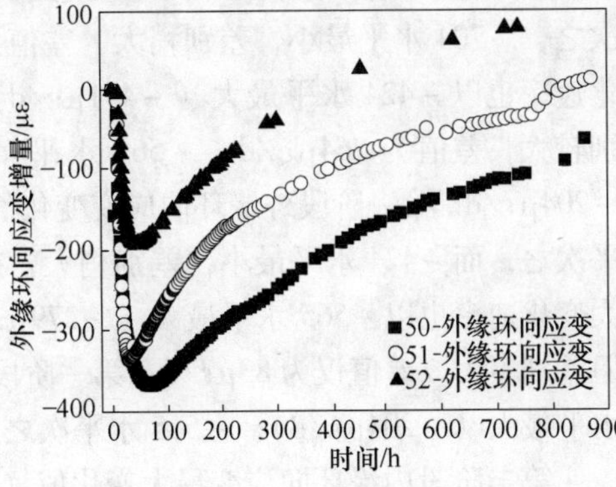

图 5-13 -565 水平外缘环向应变增量

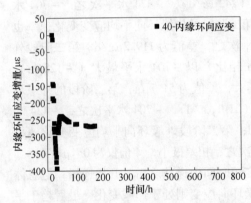

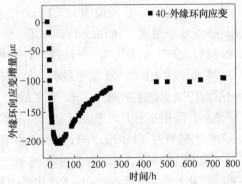

图 5-14 -424 水平内缘环向应变增量

图 5-15 -424 水平外缘环向应变增量

表 5-3 环向应变增量实测数据统计

监测水平		-704 水平		-565 水平		-424 水平	
		内缘	外缘	内缘	外缘	内缘	外缘
第一阶段	应变最大变化值/με	-189	-290	-297	-369	-392	-246
	最大应变变化速率/με·d⁻¹	-207	-248	-324	-279	-471	-196
	平均应变变化速率/με·d⁻¹	—	-204	-260	-168	—	—
第二阶段	应变最大变化值/με	18.5	-128	148	-76.3	-238	-110
	最大应变变化速率/με·d⁻¹	58.9	17.9	242	21.1	185	9.8
	平均应变变化速率/με·d⁻¹	45.8	16.7	165	16.6	—	—
第三阶段	应变最大变化值/με	116	28.8	14.4	75.6	-267	-95.5
	最大应变变化速率/με·d⁻¹	4.9	10.2	-5.1	8.2	-4.8	0.3
	平均应变变化速率/με·d⁻¹	4.1	8.6	-4.2	7.3	—	—

　　第一阶段内缘环向应变最大变化值以 −424 水平最大（−392με），−565 水平次之，−704 水平最小，差别稍大，差值为 203με；第一阶段内缘环向最大应变变化速率也以 −424 水平最大（−471με/d），−565 水平次之，−704 水平最小，差别较大，差值为 264με/d；−565 水平第一阶段内缘环向平均应变变化速率为 −204με/d。第一阶段外缘环向应变变化值以 −565 水平最大（−369με），−704 水平次之，而 −424 水平最小，差别稍大，差值为 123με；第一阶段外缘环向应变最大变化速率也以 −565 水平最大（−279με/d），−704 水平次之，−424 水平最小，但差别不大，差值仅为 83με/d；第一阶段的外缘环向平均应变变化速率则以 −704 水平最大（−204με/d），−565 水平次之，差别不大，差值为 36με/d。

　　第二阶段内缘环向应变最大变化值（与初始时刻 0h 相比），以 −565 水平最大（148με），−424 水平次之，−704 水平最小，差值为 129.5με；第二阶段的内缘环向最大应变变化速率也以 −565 水平最大（242με/d），−424 水平次之，−704 水平最小，差别稍大，差值为 183.1με/d；第二阶段的内缘环向平均应变变化速率也以 −565 水平最大（165με/d），−704 水平次之，差值为 119.2με/d。第二阶段外缘环向应变最大变化值（与初始时刻 0h 相比）以 −704 水平最大（−128με），−424 水平次之，−565 水平最小，差别不大，差值为 51.7με；第二阶段的外缘环向最大应变变化速率则以 −565 水平最大（21.1με/d），−704 水平次之，−424 水平最小，但相差不大，差值仅为 11.3με/d；第二阶段外缘环向平均应变变化速率 −704 水平最大（16.7με/d），−565 水平次之，相差极小，差值仅为 0.1με/d。

　　第三阶段中，−704 水平内缘环向应变短时间内递减之后又开始递增，但总体来看是处于递增变化的；而 −565 水平内缘环向应变则处于递减变化，最后趋于平稳；依据 −424 水平已有数据看出，其内缘环向应变变化规律与 −565 水平相似。第三阶段内缘环向应变最大变化值（与初始时刻 0h 相比）以 −704 水平最大（116με），−565 水平次之，−424 水平最小，差别较大，差值为 383με；第三阶段内缘环向最大应变变化速率也以 −565 水平最大（−5.1με/d），−704 水平次之，−424 水平最小，数值上差别极小，差值仅为 0.3με/d；第三阶段内缘环向平均应变变化速率以 −704 水平最大（4.1με/d），而 −565 水平次之，数值上差别依然不大，差值仅为 0.1με/d。第三阶段外缘环向应变最大变化值（与初始时刻 0h 相比）以 −565 水平最大（75.6με），−704 水平次之，−424 水平最小，差值为 171.1με；第三阶段外缘环向最大应变变化速率以 −704 水平最大（10.2με/d），−565 水平次之，−424 水平最小，差值为 9.9με/d；第三阶段外缘环向平均应变变化速率以 −704 水平最大（8.6με/d），−565 水平次之，差值仅为 1.3με/d。

　　C　竖向应变实测数据分析

　　如图 5-16 ~ 图 5-20 所示为三个水平的内、外缘竖向应变增量随时间变化的曲线，由于传感器自身问题、工程现场的复杂工况导致部分数据跳跃异常甚至丢

失，其中 - 424 水平内缘竖向和外缘
竖向应变增量曲线缺失严重，特别是
内缘竖向应变增量曲线完全丢失。与
径向应变、环向应变变化规律相似，
三个监测水平中不同测点的内缘竖向
应变和外缘竖向应变变化规律基本一
致，都经历了由递减到递增的变化过
程，说明井壁混凝土浇筑后，井壁经
历了从受压逐渐过渡到受拉的变化过
程。其中 - 565 水平的内缘竖向应变
变化规律与 - 565 水平的内缘环向应
变变化规律极其相似，经历了递减到

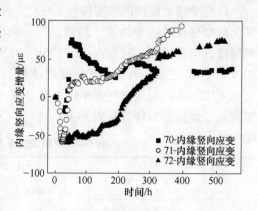

图 5-16   - 704 水平内缘竖向应变增量

递增再到递减的过程，即井壁经历了由受压到受拉，再到受压的过程，这与同一
水平的外缘竖向应变变化规律不同，也与其他水平的内缘竖向应变变化过程不同。

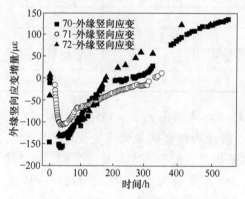

图 5-17   - 704 水平外缘竖向应变增量

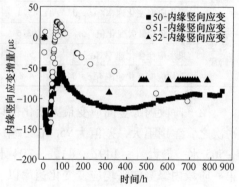

图 5-18   - 565 水平内缘竖向应变增量

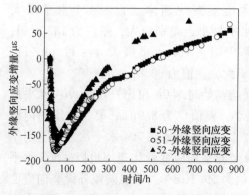

图 5-19   - 565 水平外缘竖向应变增量

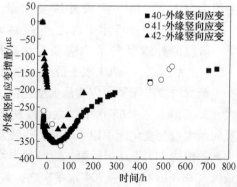

图 5-20   - 424 水平外缘竖向应变增量

以应变增量曲线的斜率即应变变化速率为分析指标，也可以把井壁内、外缘环向应变变化过程分为三个阶段：第一阶段，时间在 0 ~ 40h，井壁处于应变递减阶段；第二阶段，时间在 40 ~ 196h，井壁处于应变快速增长阶段；第三阶段，时间在 196h 之后，井壁处于应变慢速增长阶段。以应变最大变化值，最大应变变化速率和平均应变变化速率作为参考值，三个监测水平不同阶段的内缘、外缘竖向应变增量数据统计见表 5-4。

表 5-4　竖向应变增量实测数据统计

监测水平		-704 水平		-565 水平		-424 水平	
		内缘	外缘	内缘	外缘	内缘	外缘
第一阶段	应变最大变化值/με	-59.2	-159	-155	-181	—	-362
	最大应变变化速率/με·d⁻¹	-63.7	-106	-149	-114	—	-288
	平均应变变化速率/με·d⁻¹	-50.1	-87.2	-108	-95.3	—	-178
第二阶段	应变最大变化值/με	35.2	1.7	26.3	-18.1	—	-206
	最大应变变化速率/με·d⁻¹	29.9	23.1	141	13.1	—	19.8
	平均应变变化速率/με·d⁻¹	19.1	21.6	78.6	12.2	—	16.7
第三阶段	应变最大变化值/με	93.6	134	-68.8	73.5		
	最大应变变化速率/με·d⁻¹	5.3	9.7	-4.8	5.8		
	平均应变变化速率/με·d⁻¹	4.8	8.6	-2.9	5.1		

第一阶段内缘竖向应变最大变化值以 -565 水平最大（-155με），-704 水平次之，差别不大，差值为 95.8με；第一阶段内缘竖向最大应变变化速率也以 -565 水平最大（-149με/d），-704 水平次之，差别不大，差值为 85.3με/d；第一阶段内缘竖向平均应变变化速率以 -565 水平最大（-108με/d），-704 水平次之，差别不大，差值为 57.9με/d。第一阶段外缘竖向应变最大变化值以 -424 水平最大（-362με），-565 水平次之，而 -704 水平最小，差别较大，差值为 203με；第一阶段外缘竖向最大应变变化速率也以 -424 水平最大（-288με/d），-565 水平次之，-704 水平最小，差别较大，差值为 182με/d；第一阶段的外缘竖向平均应变变化速率仍以 -424 水平最大（-178με/d），-565 水平次之，-704 水平最小，差别不大，差值为 90.8με/d。

第二阶段内缘竖向应变最大变化值（与初始时刻 0h 相比），以 -704 水平最大（35.2με），-565 水平次之，差别极小，差值仅为 8.9με；第二阶段的内缘竖向最大应变变化速率以 -565 水平最大（141με/d），-704 水平次之，差别不大，差值为 111.1με/d；第二阶段的内缘竖向平均应变变化速率也以 -565 水平最大（78.6με/d），-704 水平次之，差值为 59.5με/d。第二阶段外缘竖向应变最大变化值（与初始时刻 0h 相比）以 -424 水平最大（-206με），-565 水平次之，−704 水平最小，差别较大，差值为 207.7με；第二阶段的外缘竖向最大应变变化速率则以 −704 水平最大（23.1με/d），−424 水平次之，−565 水平最小，但相差不大，差值仅为 10με/d；第二阶段外缘竖向平均应变变化速率 −704 水平最大（21.6με/d），−424 水平次之，−565 水平最小，相差不大，差值仅为 9.4με/d。

第三阶段中，−565 水平内缘竖向应变处于递减变化，最后趋于平稳，而其他水平内缘竖向应变和三个监测水平的外缘竖向应变都处于递增变化。第三阶段内缘竖向应变最大变化值（与初始时刻 0h 相比）以 −704 水平最大（93.6με），−565 水平次之，差别略大，差值为 162.4με；第三阶段内缘竖向最大应变变化速率也以 −704 水平最大（5.3με/d），−565 水平次之，数值上差别极小，差值仅为 0.5με/d；第三阶段内缘竖向平均应变变化速率以 −704 水平最大（4.8με/d），而 −565 水平次之，数值上差别依然不大，差值仅为 1.9με/d。第三阶段外缘竖向应变最大变化值（与初始时刻 0h 相比）以 −704 水平最大（134με），−565 水平次之，差别不大，差值为 60.5με；第三阶段外缘竖向最大应变变化速率以 −704 水平最大（9.7με/d），−565 水平次之，差值为 3.9με/d；第三阶段外缘竖向平均应变变化速率以 −704 水平最大（8.6με/d），−565 水平次之，差值仅为 3.5με/d。

结合三个监测水平的应变增量数据分析，井壁在浇筑混凝土后径向、环向、竖向应变变化规律都比较相似，即随时间延长，大致都要经历从应变递减到应变快速递增、再到应变慢速递增的三个变化阶段。三个监测水平的三个应变变化阶段所持续的时间不同，其中前两个应变变化阶段以 −424 水平持续时间最长，−565 水平次之，而 −704 水平最短。对比不同监测水平的井壁混凝土标号、井壁厚度以及上层套壁循环作业时间等数据，发现前两个应变变化阶段所持续时间随着井壁混凝土标号的降低、井壁厚度的减小、套壁循环作业时间的减小而增加。与初始时刻 0h 相比，三个方向的应变变化范围大致在 −400～150με；第一阶段应变变化平均速率以环向应变最大，可达 −260με/d；第二阶段应变变化平均速率也以环向应变最大，可达 165με/d；第三阶段应变变化平均速率仍以环向应变最大，可达 8.6με/d，但三个方向的应变变化平均速率实际相差不大。

5.1.3.2　钢筋应力实测数据分析

钢筋应力测试采用的也是振弦式传感器，读取的是频率值，同样经过一个简单的公式（5-4）转换得到应力值。

$$\sigma_i = K(f_i^2 - f_0^2) \tag{5-4}$$

式中　σ_i——时刻 i 的钢筋应力，MPa；

　　　　K——传感器率定系数，由厂家出厂时提供，MPa/Hz²；

　　　　f_0——传感器初始频率，Hz；

f_i——时刻 i 的传感器读取频率，Hz。

采用与应变数据相同的方式，利用钢筋应力增量反映钢筋的应力变化规律，计算公式见（5-5）。

$$\Delta\sigma_{j-i} = \sigma_j - \sigma_i = K(f_j^2 - f_i^2) \qquad (5\text{-}5)$$

式中　$\Delta\sigma_{j-i}$——时刻 j 相比时刻 i 的钢筋应力增量，MPa；

　　　σ_j——时刻 j 的钢筋应力，MPa；

　　　f_j——时刻 j 传感器读取频率，Hz。

经过实测数据整理，剔除异常数据，以初始时刻的钢筋应力计读数为初始频率，可得到井壁内缘和外缘三个方向的钢筋应力增量随时间的变化曲线。

A　径向钢筋应力增量数据分析

在每一个监测水平中，都只在径向钢筋的中间位置埋设一组钢筋应力计，因此径向钢筋应力没有分井壁内缘和外缘。如图 5-21 ~ 图 5-23 所示为三个监测水平的径向钢筋应力增量随时间变化的曲线，由于传感器自身问题、工程现场的复杂工况导致部分数据跳跃异常甚至丢失，因此绘制的曲线都不是特别完整，−704 水平丢失一个测点的钢筋应力增量曲线，−424 水平部分曲线缺失，但钢筋应力增量变化的基本规律依

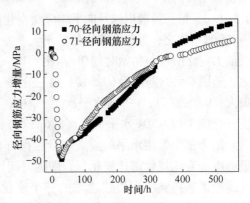

图 5-21　−704 水平径向钢筋应力增量

然可以在图中体现：三个监测水平中不同测点的钢筋应力变化规律基本一致，都经历了由递减到递增的变化过程，说明井壁混凝土浇筑后，钢筋经历了从受压逐渐过渡到受拉的变化过程，这也与径向应变变化规律相似，变化趋势也比较吻合。

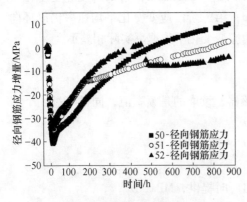

图 5-22　−565 水平径向钢筋应力增量

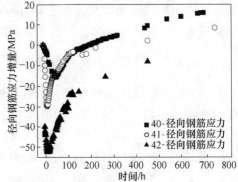

图 5-23　−424 水平径向钢筋应力增量

以钢筋应力增量曲线的斜率即钢筋应力变化速率为分析指标,可以把径向钢筋应力变化发展过程分为三个阶段:第一阶段,时间在 0 ~ 28h,钢筋应力处于递减阶段;第二阶段,时间在 28 ~ 263h,钢筋应力处于快速增长阶段;第三阶段,时间在 263h 以后,钢筋应力处于慢速增长阶段。以钢筋应力最大变化值,最大应力变化速率和平均应力变化速率作为参考值,三个监测水平不同阶段的径向钢筋应力增量数据统计见表 5-5。

表 5-5 径向钢筋应力增量实测数据统计

监 测 水 平		−704 水平	−565 水平	−424 水平
第一阶段	应力最大变化值/MPa	−49.3	−40.6	−52.4
	最大应力变化速率/MPa·d^{-1}	−39.8	−39.1	−62.8
	平均应力变化速率/MPa·d^{-1}	−38.9	−36.1	−37.5
第二阶段	应力最大变化值/MPa	−4.4	1.3	−3.3
	最大应力变化速率/MPa·d^{-1}	3.7	3.2	6.7
	平均应力变化速率/MPa·d^{-1}	3.6	2.5	5.5
第三阶段	应力最大变化值/MPa	12.6	10.1	15.8
	最大应力变化速率/MPa·d^{-1}	1.8	0.8	1.1
	平均应力变化速率/MPa·d^{-1}	1.4	0.7	0.8

第一阶段钢筋径向应力最大变化值以 −424 水平最大 (−52.4MPa),−704 水平次之,−565 水平最小,但差别不大,差值仅为 11.8MPa;第一阶段径向钢筋最大应力变化速率也以 −424 水平最大 (−62.8MPa/d),−704 水平次之,−565 水平最小,差别也不大,差值为 23.7MPa/d;第一阶段径向钢筋平均应力变化速率则以 −704 水平最大 (−38.9MPa/d),−424 水平次之,−565 水平最小,差别极小,差值仅为 2.8MPa/d。

第二阶段钢筋径向应力最大变化值以 −704 水平最大 (−4.4MPa),−424 水平次之,−565 水平最小,但差别不大,差值仅为 5.7MPa;第二阶段径向钢筋最大应力变化速率也以 −424 水平最大 (6.7MPa/d),−704 水平次之,−565 水平最小,差别也不大,差值仅为 3.5MPa/d;第二阶段径向钢筋平均应力变化速率则以 −424 水平最大 (5.5MPa/d),−704 水平次之,−565 水平最小,差别也不大,差值仅为 3MPa/d。

第三阶段钢筋径向应力最大变化值以 −424 水平最大 (15.8MPa),−704 水平次之,−565 水平最小,但差别不大,差值仅为 5.7MPa;第三阶段径向钢筋最大应力变化速率也以 −704 水平最大 (1.8MPa/d),−424 水平次之,−565 水平最小,差别也不大,差值仅为 1MPa/d;第三阶段径向钢筋平均应力变化速率则

以 -704 水平最大（1.4MPa/d），-424 水平次之，-565 水平最小，差别极小，差值仅为 0.7MPa/d。

　　B　环向钢筋应力增量数据分析

　　在每一个监测水平中，都只在井壁外缘环向钢筋位置埋设一组钢筋应力计，因此井壁外缘环向钢筋应力只有一条应力增量曲线。如图 5-24 ~ 图 5-29 所示为三个监测水平的井壁内缘和外缘环向钢筋应力增量随时间变化的曲线，由于传感器自身问题、工程现场的复杂工况导致部分数据跳跃异常甚至丢失，因此绘制的曲线都不是特别完整，但基本规律依然可以在图中体现：三个监测水平中不同测点的环向钢筋应力变化规律基本一致，都经历了由递减到递增的变化过程，说明井壁混凝土浇筑后，钢筋经历了从受压逐渐过渡到受拉的变化过程，但 -565 水平和 -424 水平的内缘环向钢筋应力增量经历了递减到递增、再到递减最后到缓慢递增的过程，这也与井壁环向应变变化规律相似，变化趋势也比较吻合，同时说明井壁混凝土浇筑施工期间应力变化的复杂性。

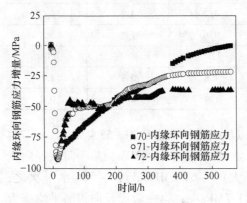

图 5-24　-704 水平内缘环向钢筋应力增量

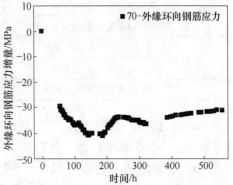

图 5-25　-704 水平外缘环向钢筋应力增量

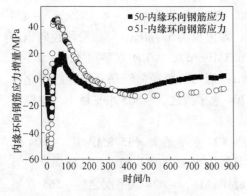

图 5-26　-565 水平内缘环向钢筋应力增量

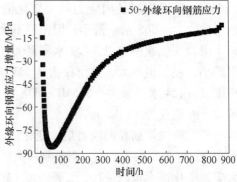

图 5-27　-565 水平外缘环向钢筋应力增量

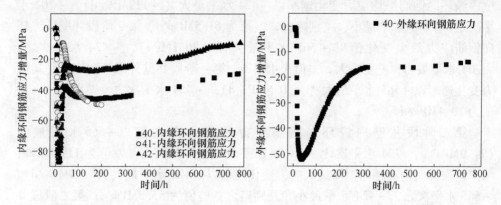

图 5-28 -424 水平内缘环向钢筋应力增量　图 5-29 -424 水平外缘环向钢筋应力增量

以钢筋应力增量曲线的斜率即钢筋应力变化速率为分析指标，可以把环向钢筋应力变化发展过程分为三个阶段：第一阶段，时间在 0～32h，钢筋应力处于递减阶段；第二阶段，时间在 32～140h，钢筋应力处于快速增长阶段；第三阶段，时间在 140h 以后，钢筋应力处于慢速增长阶段。以钢筋应力最大变化值，最大应力变化速率和平均应力变化速率作为参考值，三个监测水平不同阶段的环向钢筋应力增量数据统计见表 5-6。

表 5-6　环向钢筋应力增量实测数据统计

监　测　水　平		-704 水平		-565 水平		-424 水平	
		内缘	外缘	内缘	外缘	内缘	外缘
第一阶段	应力最大变化值/MPa	-93.5	-41.1	-51.9	-86.1	-85.9	-53.4
	最大应力变化速率/MPa·d⁻¹	-112	—	-73.2	—	-121	—
	平均应力变化速率/MPa·d⁻¹	-79.3	—	-50.5	-38.3	-112	-40.1
第二阶段	应力最大变化值/MPa	-44.9	-33.7	74.9	-22.4	-9.7	-16.1
	最大应力变化速率/MPa·d⁻¹	27.9	—	57.4	—	81.4	—
	平均应力变化速率/MPa·d⁻¹	17.3	3.7	39.9	4.3	64.8	3.1
第三阶段	应力最大变化值/MPa	-0.4	-31.1	2.9	-6.4	-9.1	-13.8
	最大应力变化速率/MPa·d⁻¹	3.2	—	-2.5	—	0.5	—
	平均应力变化速率/MPa·d⁻¹	1.8	0.2	-1.5	0.8	0.3	0.1

第一阶段井壁内缘环向钢筋应力的最大变化值以 -704 水平最大（-93.5MPa），-424 水平次之，-565 水平最小，差别略大，差值为 41.6MPa；第一阶段井壁内缘环向钢筋最大应力变化速率以 -424 水平最大（-121MPa/d），-704 水平次之，-565 水平最小，差别略大，差值为 47.8MPa/d；第一阶段井

壁内缘环向钢筋平均应力变化速率以 −424 水平最大（−112MPa/d），−704 水平次之，−565 水平最小，差别略大，差值为 61.5MPa/d。第一阶段井壁外缘环向钢筋应力最大变化值以 −565 水平最大（−86.1MPa），−424 水平次之，−704 水平最小，差别略大，差值为 45MPa；第一阶段井壁外缘环向钢筋平均应力变化速率以 −565 水平最大（−50.5MPa/d），−424 水平次之，差别不大，差值为 10.4MPa/d。

第二阶段井壁内缘环向钢筋应力的最大变化值以 −565 水平最大（74.9MPa），−704 水平次之，−424 水平最小，差别较大，差值为 119.8MPa；第二阶段井壁内缘环向钢筋最大应力变化速率以 −424 水平最大（81.4MPa/d），−565 水平次之，−424 水平最小，差别略大，差值为 53.5MPa/d；第二阶段井壁内缘环向钢筋平均应力变化速率以 −424 水平最大（64.8MPa/d），−565 水平次之，−704 水平最小，差别略大，差值为 47.5MPa/d。第二阶段井壁外缘环向钢筋最大应力变化值以 −704 水平最大（−33.7MPa），−565 水平次之，−424 水平最小，差别不大，差值为 17.6MPa；第二阶段井壁外缘环向钢筋平均应力变化速率以 −565 水平最大（4.3MPa/d），−704 水平次之，−424 水平最小，差别极小，差值为 1.2MPa/d。

第三阶段井壁内缘环向钢筋应力的最大变化值以 −424 水平最大（−9.1MPa），−565 水平次之，−704 水平最小，差别不大，差值为 12MPa；第三阶段井壁内缘环向钢筋最大应力变化速率以 −704 水平最大（3.2MPa/d），−565 水平次之，−424 水平最小，差别极小，差值为 2.7MPa/d；第三阶段井壁内缘环向钢筋平均应力变化速率以 −704 水平最大（1.8MPa/d），−565 水平次之，−424 水平最小，差别极小，差值为 1.5MPa/d。第三阶段井壁外缘环向钢筋应力最大变化值以 −704 水平最大（−31.1MPa），−424 水平次之，−565 水平最小，差别不大，差值为 24.7MPa；第三阶段井壁外缘环向钢筋平均应力变化速率以 −565 水平最大（0.8MPa/d），−704 水平次之，−424 水平最小，差别极小，差值为 0.7MPa/d。

C 竖向钢筋应力增量数据分析

如图 5-30～图 5-35 所示为三个监测水平的井壁内缘和外缘竖向钢筋应力增量随时间变化的曲线，由于传感器自身问题、工程现场的复杂工况导致部分数据跳跃异常甚至丢失，因此绘制的曲线都不是特别完整，但基本规律依然可以在图中体现：三个监测水平中不同测点的竖向钢筋应力变化规律基本一致，都经历了由递减到递增的变化过程，说明井壁混凝土浇筑后，钢筋经历了从受压逐渐过渡到受拉的变化过程，但 −565 水平有 2 个测点的外缘竖向钢筋应力增量经历了递减到递增、再到递减、最后到缓慢递增的过程，这也与井壁竖向应变变化规律相似，变化趋势也比较吻合。

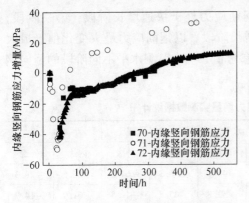

图 5-30　-704 水平内缘竖向钢筋应力增量　　图 5-31　-704 水平外缘竖向钢筋应力增量

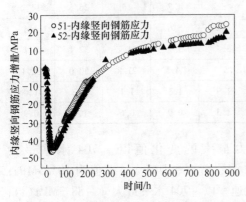

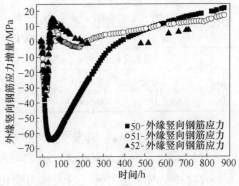

图 5-32　-565 水平内缘竖向钢筋应力增量　　图 5-33　-565 水平外缘竖向钢筋应力增量

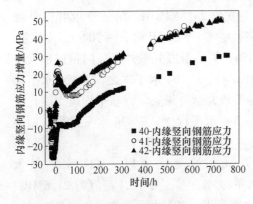

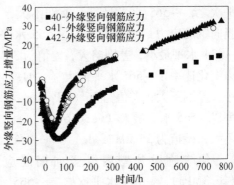

图 5-34　-424 水平内缘竖向钢筋应力增量　　图 5-35　-424 水平外缘竖向钢筋应力增量

　　以钢筋应力增量曲线的斜率即钢筋应力变化速率为分析指标，可以把竖向钢筋应力变化过程分为三个阶段：第一阶段，时间在 0～34h，钢筋应力处于递减阶段；第二阶段，时间在 34~197h，钢筋应力处于快速增长阶段；第三阶段，时间在 197h 以后，钢筋应力处于慢速增长阶段。以钢筋应力最大变化值，最大应力变化速率和平均应力变化速率作为参考值，三个监测水平不同阶段的竖向钢筋应力增量数据统计见表 5-7。

表 5-7　竖向钢筋应力增量实测数据统计

监 测 水 平		-704 水平		-565 水平		-424 水平	
		内缘	外缘	内缘	外缘	内缘	外缘
第一阶段	应力最大变化值/MPa	-132	-45.1	-46.3	-64.3	-26.5	-29.3
	最大应力变化速率/MPa·d⁻¹	-88.3	-32.8	-35.8	-41.5	-61.9	-14.7
	平均应力变化速率/MPa·d⁻¹	-57.7	-27.8	-31.9	-36.6	-41.9	-11.4
第二阶段	应力最大变化值/MPa	12.9	-3.4	4.7	-15.1	26.3	14.2
	最大应力变化速率/MPa·d⁻¹	89.5	3.6	5.6	40.3	49.8	3.4
	平均应力变化速率/MPa·d⁻¹	40.1	3.4	5.1	21.1	32.1	3.1
第三阶段	应力最大变化值/MPa	32.7	15.9	24.5	21.8	50.0	32.1
	最大应力变化速率/MPa·d⁻¹	1.5	1.9	1.1	1.1	1.3	1.0
	平均应力变化速率/MPa·d⁻¹	1.3	1.3	0.9	0.6	0.9	0.9

　　第一阶段井壁内缘竖向钢筋应力最大的变化值以 -704 水平最大（-132MPa），-565 水平次之，-424 水平最小，差别略大，差值为 105.5MPa；第一阶段井壁内缘竖向钢筋最大应力变化速率以 -704 水平最大（-88.3MPa/d），-424 水平次之，-565 水平最小，差别略大，差值为 52.5MPa/d；第一阶段井壁内缘竖向钢筋平均应力变化速率以 -704 水平最大（-57.7MPa/d），-424 水平次之，-565 水平最小，差别不大，差值为 25.8MPa/d。第一阶段井壁外缘竖向钢筋应力最大变化值以 -565 水平最大（-64.3MPa），-704 水平次之，-424 水平最小，差别略大，差值为 35MPa；第一阶段井壁外缘竖向钢筋最大应力变化速率以 -565 水平最大（-41.5MPa/d），-704 水平次之，-424 水平最小，差别不大，差值为 26.8MPa/d；第一阶段井壁外缘竖向钢筋平均应力变化速率以 -565 水平最大（-36.6MPa/d），-704 水平次之，-424 水平最小，差别不大，差值为 25.2MPa/d。

　　第二阶段井壁内缘竖向钢筋应力最大的变化值以 -424 水平最大（26.3MPa），-704 水平次之，-565 水平最小，差别不大，差值为 21.6MPa；第二阶段井壁内缘竖向钢筋最大应力变化速率以 -704 水平最大（89.5MPa/d），-424 水平次之，-565 水平最小，差别较大，差值为 83.9MPa/d；第二阶段井壁内缘竖向钢筋平均应力变化速率以 -704 水平最大（40.1MPa/d），-424 水平次之，-565 水平最小，差别略大，差值为 35MPa/d。第二阶段井壁外缘竖向钢筋应力最大变化值以 -565 水平最大（-15.1MPa），-424 水平次之，-704 水平最小，差别不大，差值为 29.3MPa；第二阶段井壁外缘竖向钢筋最大应力变化速率以 -565 水平最大（40.3MPa/d），-704 水平次之，-424 水平最小，差别略大，差值为 36.9MPa/d；第二阶段井壁外缘竖向钢筋平均应力变化速率以 -565 水平最大（21.1MPa/d），-704 水平次之，-424 水平最小，差别不大，差值为 18MPa/d。

第三阶段井壁内缘竖向钢筋应力最大的变化值以 -424 水平最大（50.0MPa），-704 水平次之，-565 水平最小，差别不大，差值为 25.5MPa；第三阶段井壁内缘竖向钢筋最大应力变化速率以 -704 水平最大（1.5MPa/d），-424 水平次之，-565 水平最小，差别极小，差值仅为 0.4MPa/d；第三阶段井壁内缘环向钢筋平均应力变化速率以 -704 水平最大（1.3MPa/d），-565 水平和 -424 水平相等，差别极小，差值仅为 0.4MPa/d。第三阶段井壁外缘竖向钢筋应力最大变化值以 -424 水平最大（32.1MPa），-565 水平次之，-704 水平最小，差别不大，差值为 16.2MPa；第三阶段井壁外缘竖向钢筋最大应力变化速率以 -704 水平最大（1.9MPa/d），-565 水平次之，-424 水平最小，差别极小，差值为 0.9MPa/d；第三阶段井壁外缘竖向钢筋平均应力变化速率以 -704 水平最大（1.3MPa/d），-424 水平次之，-565 水平最小，差别极小，差值仅为 0.7MPa/d。

结合三个监测水平的钢筋应力增量数据分析，井壁在浇筑混凝土后径向、环向、竖向钢筋应力变化规律都比较相似，即随时间变化大致都要经历从应力递减到应力快速递增、再到应力慢速递增的三个变化阶段。三个监测水平的钢筋应力变化阶段所持续的时间不同，其中前两个应力变化阶段基本以 -424 水平持续时间最长，-565 水平次之，而 -704 水平最短。对比不同监测水平的井壁混凝土标号、井壁厚度，以及上层套壁循环作业时间等数据，发现钢筋应力变化阶段所持续时间随着井壁混凝土标号的降低、井壁厚度的减小、套壁循环作业时间的减小而增加。与初始时刻 0h 相比，三个方向的应变变化范围大致在 -100 ~ 50MPa；第一阶段钢筋最大应力变化平均速率以环向钢筋应力最大，可达 -79.3MPa/d；第二阶段钢筋平均应力变化速率也以环向钢筋应力最大，可达 64.8MPa/d；第三阶段钢筋应力变化平均速率以环向钢筋应力最大，可达 1.8MPa/d，但三个方向的第三阶段钢筋应力变化平均速率实际相差不大。钢筋应力变化规律与井壁混凝土应变变化规律相似，变化趋势也吻合，因此从变化规律上看，钢筋受力和井壁混凝土应变具有一致性。

5.1.3.3　无应力计实测数据分析

混凝土应变包括由外部荷载引起的应变和内部自身产生的应变，其中混凝土内部自身产生的应变包括温度引起的应变、自身收缩引起的应变以及混凝土徐变引起的应变，因此混凝土应变计测试的混凝土结构施工期间的应变实际上并不是结构所受外部荷载产生的应变。为了剔除混凝土结构施工期间内部自身产生的应变，工程上通常采用无应力计，用于测量混凝土在无外力作用下的自由变形。

　　无应力计也可称为无应力应变计，与应变计类似，读取的也是频率值，利用式（5-1）转换得到应变值。依据式（5-3）采用应变增量的方式，研究混凝土结构施工期间自身应变变化规律。经过实测数据整理，剔除异常数据，以初始时刻的钢筋应力计读数为初始频率，可得到井壁混凝土结构施工期间无应力应变增量随时间变化的曲线，添加温度随时间变化的曲线，绘制图 5-36 ~ 图 5-38。

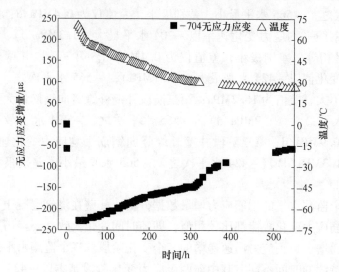

图 5-36　　-704 水平无应力应变增量与温度曲线

　　-704 水平无应力增量由初始时刻的 $0\mu\varepsilon$ 快速递减到 31h 时刻 $-227\mu\varepsilon$，无应力应变递减的平均变化速率为 $-176\mu\varepsilon/d$；然后再缓慢递增到 545h 时刻的 $-57.4\mu\varepsilon$，无应力应变递增的平均变化速率为 $7.9\mu\varepsilon/d$。-565 水平无应力增量由初始时刻的 $0\mu\varepsilon$ 快速递减到 23h 时刻的 $-598\mu\varepsilon$，无应力应变递减的平均变化速率为 $-624\mu\varepsilon/d$；然后再快速递增到 53h 时刻的 $-26.9\mu\varepsilon$，无应力应变递增的平均变化速率为 $478\mu\varepsilon/d$；最后缓慢递减到 872h 时刻的 $-91.1\mu\varepsilon$，无应力应变的平均变化速率为 $-1.9\mu\varepsilon/d$。-424 水平无应力增量由初始时刻的 $0\mu\varepsilon$ 快速递减到 19h 时刻 $-179\mu\varepsilon$，无应力应变递减的平均变化速率为 $-226\mu\varepsilon/d$；然后再快速递增到 51h 时刻的 $-26.5\mu\varepsilon$，无应力应变递增的平均变化速率为 $114\mu\varepsilon/d$；最后递增到 769h 时刻的 $451\mu\varepsilon$，无应力应变递减的平均变化速率为 $15.9\mu\varepsilon/d$。三个监测水平中，无应力应变增量变化范围以 -424 水平最大，-565 水平次之，-704 水平最小；无应力应变变化速率基本上也是以 -424 水平最大，-565 水

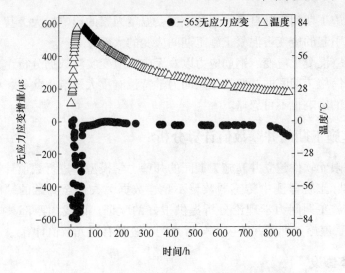

图 5-37　-565 水平无应力应变增量与温度曲线

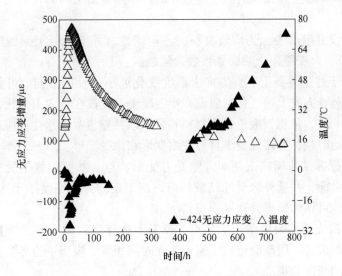

图 5-38　-424 水平无应力应变增量与温度曲线

平次之，-704 水平最小。对比不同监测水平的井壁混凝土标号、井壁厚度，以及上层套壁循环作业时间等数据，发现无应力应变变化范围和变化速率随着井壁混凝土标号的降低、井壁厚度的减小、套壁循环作业时间的减小而增加。

对比图 5-36～图 5-38，发现不同监测水平的无应力应变增量随时间变化大致遵循先递减再递增的变化规律，而井壁混凝土浇筑后温度随时间变化是先递增再递减的变化规律。仔细观察图 5-36～图 5-38，发现无应力应变增量曲线与混凝土温度变化曲线沿水平坐标轴近似对称，数值上的变化趋势也较为吻合，说明井壁混凝土结构施工期间内部自身产生的应变受温度因素的影响较大，甚至可以认为由温度变化引起的应变占混凝土施工期间应变的大部分。

通过井壁混凝土应变、钢筋应力以及无应力应变实测数据分析，可以看出温度因素对井筒施工期间的井壁施工期间力学特性有重大影响。此外，施工期间套壁循环作业的影响也不可忽略。

5.2　壁座施工期间井壁数值计算分析

利用有限元软件建立井筒施工期间的井壁力学模型，进行数值计算分析可以很好弥补实际工程监测中传感器数量不足、数据丢失甚至异常的缺陷，同时也可以为井壁施工期间力学理论分析提供很好的验证。以我国西部某煤矿副立井 −565 水平壁座施工期间井壁应力分析为例，进行有限元数值计算。

5.2.1　基本假设

参照 4.2.2 井壁施工期间温度应力分析，井筒施工期间的井壁力学模型采用以下假设：

（1）假设井壁混凝土为均质材料，各向同性，井壁混凝土弹性模量依据式（4-14）计算，井壁混凝土热膨胀系数为常数。

（2）由于井壁混凝土竖直方向上温度变化远小于径向方向，可忽略井壁混凝土温度在竖直方向上的变化。假设井壁混凝土温度仅在径向上变化，即温度变化 $\Delta T = \Delta T(r,t)$，依据混凝土自身材料特征，以井壁混凝土水化反应出现最高温度为计算初始时刻，忽略混凝土自身收缩变形和徐变变形。

（3）依据冻结井筒施工期间井壁受力变形特点，井壁内缘不受力，即模型内边界为自由面，井壁外缘受冻结壁约束，施工期间井壁刚度小于冻结壁刚度，位移非常小，可认为模型外边界固定。

（4）依据冻结井筒内壁施工特点，模型上边界受到的上部井壁自重作用随时间变化，假设每一段高套壁施工循环作业时间相等，模型下边界受到已施工好的内层井壁的竖向约束。

依据以上假设条件，取一个段高的井壁进行分析，建立施工期间空间轴对称井壁应力计算模型，如图 5-39 所示，模型计算参数见表 5-8。

表 5-8　模型计算参数统计表

参数	r_1/m	r_2/m	h/m	ρ/kg·m^{-3}	E_0/GPa	μ	α/℃$^{-1}$	t_c/h
取值	5	6.8	4	2465.55	37	0.19	10^{-5}	12

注：r_1 为模型内边界半径，m；r_2 为模型外边界半径，m；h 为施工段高，m；ρ 为混凝土密度，kg/m^3；E_0 为标准条件养护 28d 的混凝土弹性模量，GPa；μ 为井壁混凝土泊松比，无量纲；α 为井壁混凝土热膨胀系数，℃$^{-1}$；t_c 为一个段高套壁循环作业时间，h。

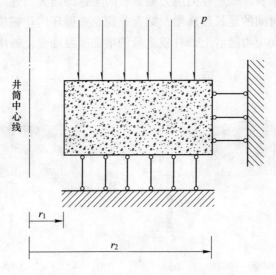

图 5-39　井壁施工期间应力计算模型

5.2.2　数值计算结果分析

依据第 3 章冻结井筒温度场有限元数值反演方法，采用空间轴对称热力耦合有限元数值计算，选取 50h、100h、200h、400h、800h 作为计算时刻，可得到该煤矿副立井 –565 水平壁座施工期间不同时刻的应力应变分布及变化规律。

5.2.2.1　应力分布及变化规律

A　施工期间壁座径向应力分布及变化规律

–565 水平壁座施工期间不同时刻的径向应力分布云图如图 5-40 ~ 图 5-44 所示。在上部井壁重量和温度效应的耦合作用下，施工期间壁座径向应力基本都表现为拉应力，径向应力最大值 0.7MPa 出现在模型上边界，这是由于边界效应，存在应力集中现象，其应力最大值在 100h、200h、400h 都比较接近；若忽略边界效应，同一时刻，壁座径向应力在竖直方向上相差不大，壁座径向应力最大值出现在模型的外边界即壁座外缘，径向应力最小值出现在模型的内边界即壁座内缘；从各时刻点

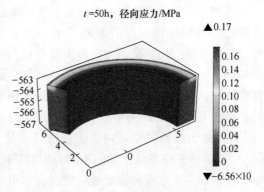

图 5-40　$t = 50h$ 壁座径向应力云图

的径向应力云图来看，壁座径向应力随着径向坐标的增大而递增；不同时刻，壁座径向应力随着时间的延长而递增，结合井筒套壁循环作业施工和井壁温度场变化情况，壁座径向应力随着上部井壁重量的增加和温度变化的增大而递增。

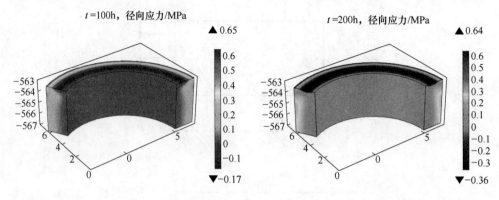

图 5-41　t =100h 壁座径向应力云图　　　　图 5-42　t =200h 壁座径向应力云图

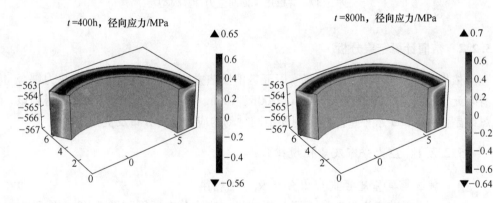

图 5-43　t =400h 壁座径向应力云图　　　　图 5-44　t =800h 壁座径向应力云图

　　沿壁座施工段高截取 1/2 段高水平，绘制壁座施工期间径向应力沿径向的分布曲线如图 5-45 所示。图 5-45 中 t =50h，壁座径向应力在径向上呈近似抛物线分布，但整体变化幅度不大，最大值 0.013MPa 出现在距井筒中心 6.07m 处；其他时刻，壁座径向应力在径向上都呈近似对数曲线分布，径向应力最大值出现在壁座外缘，但 t =100h 壁座径向应力最大值 0.107MPa 出现在距井筒中心 6.56m 处；壁座同一位置的径向应力随时间延长而递增。

　　B　施工期间壁座环向应力分布及变化规律

　　−565 水平壁座施工期间不同时刻的环向应力分布云图如图 5-46 ～图 5-50 所示。在上部井壁重量和温度效应的耦合作用下，壁座施工期间环向应力也基本都表现为拉应力；同一时刻，壁座环向应力在竖直方向上相差不大，壁座环向应力

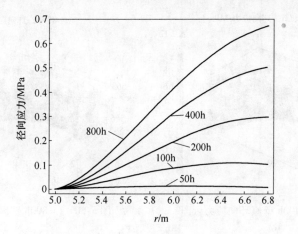

图 5-45 壁座 1/2 段高水平处径向应力

在径向上中间高，两端低，但在 $t =$ 50h，环向应力最大值 0.13MPa 出现在壁座内缘附近；从各时刻点的环向应力云图来看，壁座环向应力随着时间的延长而递增，环向应力最大值增长速率要大于环向应力最小值，此外环向应力最大值出现的位置随着时间的延长而逐渐往壁座 1/2 厚度处转移；结合井筒套壁循环作业施工和井壁温度场变化情况，壁座环向应力也随着上部井壁重量的增加和温度变化的增大而递增。

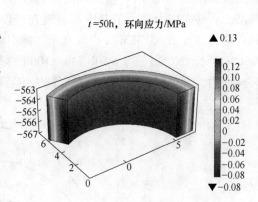

图 5-46 $t = 50h$ 壁座环向应力云图

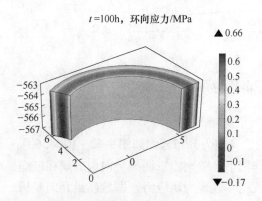

图 5-47 $t = 100h$ 壁座环向应力云图

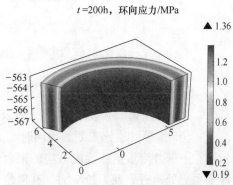

图 5-48 $t = 200h$ 壁座环向应力云图

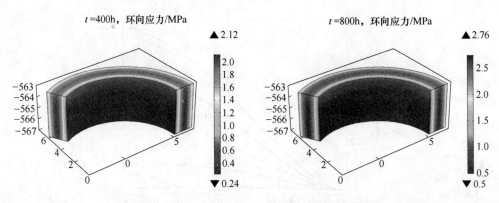

图 5-49 $t=400h$ 壁座环向应力云图　　图 5-50 $t=800h$ 壁座环向应力云图

　　沿壁座施工段高截取 1/2 段高水平，绘制壁座施工期间环向应力沿径向的分布曲线如图 5-51 所示。壁座环向应力在径向上都呈近似抛物线分布，中间大，两端小；环向应力最大值基本都出现在壁座 1/2 厚度附近，但 $t=50h$ 时刻壁座环向应力最大值 0.133MPa 出现在距井筒中心 5.24m 处；此外壁座内缘环向应力随时间延长增长缓慢，$t=50h$ 和 $t=100h$ 时刻，壁座外缘环向应力小于壁座内缘环向应力，其他时刻则相反；壁座同一位置的环向应力基本随时间延长而递增。

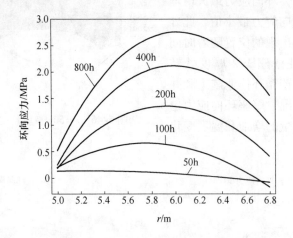

图 5-51　壁座 1/2 处环向应力曲线

　　C　施工期间壁座竖向应力分布及变化规律
　　-565 水平壁座施工期间不同时刻的竖向应力分布云图如图 5-52 ～ 图 5-56 所示。在上部井壁重量和温度效应的耦合作用下，壁座施工期间竖向应力仅在壁座厚度中心处附近表现为拉应力，其他位置基本表现为压应力，即壁座沿径向经历从受压到受拉、再到受压状态；壁座竖向最大拉应力出现在径向中部，而最大压应力则出现在两端，但在 $t=50\mathrm{h}$，竖向拉应力最大值 0.02MPa 出现在壁座内缘附近；从各时刻点的竖向应力云图来看，壁座竖向压应力随着时间的延长而递增，忽略模型上边界的边界效应，壁座竖向拉应力随着时间的延长而递减，此外竖向拉应力最大值出现的位置随着时间的延长而逐渐往壁座 1/2 厚度处转移；结合井筒套壁循环作业施工和井壁温度场变化情况，壁座施工期

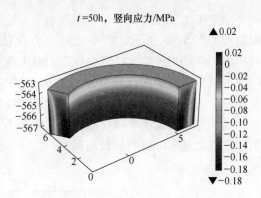

图 5-52 $t=50\mathrm{h}$ 壁座竖向应力云图

间竖向压应力随着上部井壁重量的增加和温度变化的增大而递增，而壁座竖向拉应力随着上部井壁重量的增加和温度变化的增大而递减。

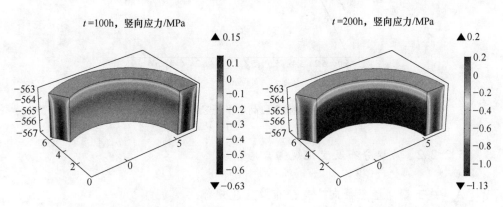

图 5-53 $t=100\mathrm{h}$ 壁座竖向应力云图

图 5-54 $t=200\mathrm{h}$ 壁座竖向应力云图

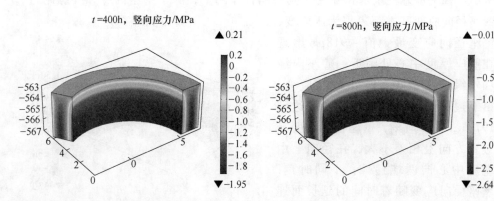

图 5-55 $t=400\mathrm{h}$ 壁座竖向应力云图

图 5-56 $t=800\mathrm{h}$ 壁座竖向应力云图

沿壁座施工段高截取 1/2 段高水平，绘制壁座施工期间竖向应力沿径向的分布曲线如图 5-57 所示。壁座竖向应力在径向上都呈近似抛物线分布，中间为拉应力，两端为压应力；竖向拉应力最大值基本都出现在壁座 1/2 厚度附近，但 $t=50h$ 时刻壁座竖向拉应力最大值 0.01MPa 出现在距井筒中心 5.45m 处，壁座竖向拉应力随时间延长减小缓慢；壁座内缘竖向压应力大于外缘，且内缘竖向压应力增长速率要大于外缘；此外除了壁座 1/2 厚度附近拉应力区，壁座同一位置的竖向应力基本随时间延长而递增。

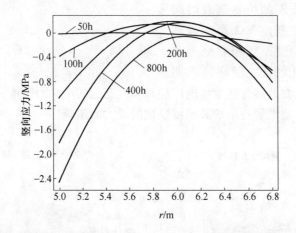

图 5-57   壁座 1/2 段高水平处竖向应力曲线

5.2.2.2   应变分布及变化规律

A   施工期间壁座径向应变分布及变化规律

-565 水平壁座施工期间不同时刻的径向应变分布云图如图 5-58 ~ 图 5-62 所示。在上部井壁重量和温度效应的耦合作用下，除了壁座内缘和外缘附近，壁座径向应变基本都表现为压应变，壁座径向应变最大值 -918με 出现在壁座厚度中心处附近；壁座内缘和外缘应变最小甚至出现拉应变，由于边界效应，最大拉应变可达到 197με；同一时刻，壁座径向应变在竖直方向上相差不大，在径向上由壁座中心向两端递减；不同时刻，壁座径向应变随着时间的延长而递增，结合井筒套壁循环作业施工和

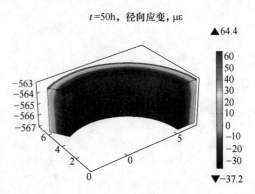

图 5-58 $t=50h$ 壁座径向应变云图

井壁温度场变化情况，壁座径向应变随着上部井壁重量的增加和温度变化的增大而递增。

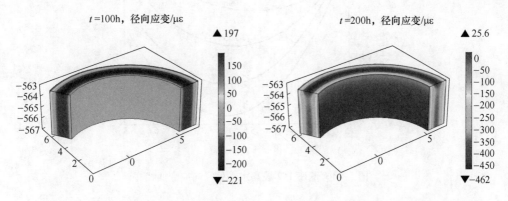

图 5-59　$t=100\text{h}$ 壁座径向应变云图　　　　图 5-60　$t=200\text{h}$ 壁座径向应变云图

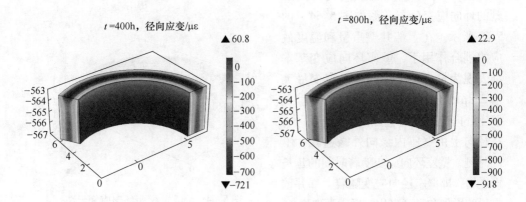

图 5-61　$t=400\text{h}$ 壁座径向应变云图　　　　图 5-62　$t=800\text{h}$ 壁座径向应变云图

沿壁座施工段高截取 1/2 段高水平，绘制壁座施工期间径向应变沿径向的分布曲线如图 5-63 所示。壁座径向应变在径向上都呈近似抛物线分布，中间大，两端小；径向应变最大值出现的位置随着时间的延长而逐渐往壁座 1/2 厚度处转移，其中 $t=50\text{h}$ 时刻壁座径向应变最大值 $-36.6\mu\varepsilon$ 出现在距井筒中心 5.25m处；壁座同一位置的径向应变基本随时间延长递增，靠近壁座内缘的径向应变增长速率小于靠近壁座外缘的径向应变增长速率，而 $t=50\text{h}$、$t=100\text{h}$ 时刻壁座外缘和 $t=200\text{h}$、$t=400\text{h}$、$t=800\text{h}$ 时刻壁座内缘的径向应变表现为拉应变；此外，对比图 5-51 发现，壁座径向应变与环向应力沿径向的分布曲线关于水平坐标轴对称，变化趋势极其相似。

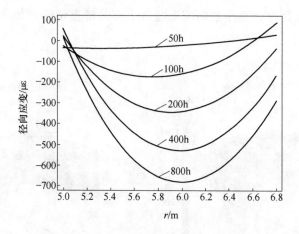

图 5-63　壁座 1/2 段高水平处径向应变曲线

B　施工期间壁座环向应变分布及变化规律

－565 水平壁座施工期间不同时刻的环向应变分布云图如图 5-64 ~ 图 5-68 所示。在上部井壁重量和温度效应的耦合作用下，壁座环向应变基本都表现为拉应变，壁座环向应变最大值 238με 出现在壁座内缘；同一时刻，壁座环向应变在竖直方向上相差不大，在径向上由壁座内缘向外缘递减；不同时刻，壁座环向应变随着时间的延长而递增，即壁座径向应变随着上部井壁重量的增加和温度变化的增大而递增。

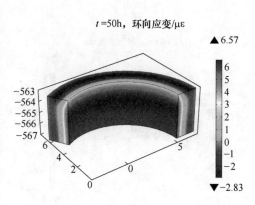

图 5-64　t = 50h 壁座环向应变云图

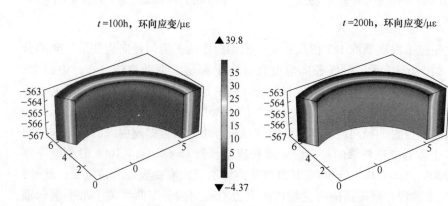

图 5-65　t = 100h 壁座环向应变云图　　图 5-66　t = 200h 壁座环向应变云图

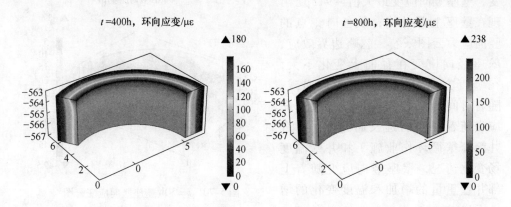

图 5-67　$t=400h$ 壁座环向应变云图　　　图 5-68　$t=800h$ 壁座环向应变云图

　　沿壁座施工段高截取 1/2 段高水平，绘制壁座施工期间环向应变沿径向的分布曲线如图 5-69 所示。壁座环向应变在径向上都呈近似抛物线分布，环向应变最大值 178.89με 出现在壁座内缘，由壁座内缘向壁座外缘递减；壁座同一位置的环向应变随时间延长递增，靠近壁座内缘的环向应变增长速率大于靠近壁座外缘的径向应变增长速率。此外，对比图 5-45 发现，壁座环向应变与径向应力沿径向的分布曲线关于纵坐标轴对称，变化趋势极其相似。

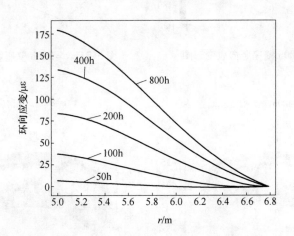

图 5-69　壁座 1/2 段高水平处环向应变曲线

　　C　施工期间壁座竖向应变分布及变化规律
　　-565 水平壁座施工期间不同时刻的竖向应变分布云图如图 5-70 ~ 图 5-74 所示。在上部井壁重量和温度效应的耦合作用下，壁座竖向应变表现为压应变，壁座竖向应变最大值 $-948\mu\varepsilon$ 出现在壁座上部外缘；从各时刻点的竖向应力云图来看，忽略边界效应，壁座竖向应变在径向上变化不大，在竖直方向上沿段高往深部递减；随着时间的延长而递增，壁座竖向应变随着时间的延长而递增，结合井筒套壁循环作业施工和井壁温度场变化情况，壁座竖向应变随着上部井壁重量的增加和温度变化的增大而递增。

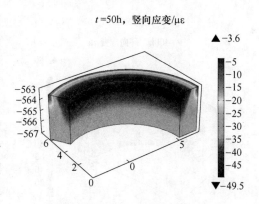

图 5-70　$t=50\text{h}$ 壁座竖向应变云图

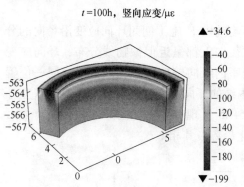

图 5-71　$t=100\text{h}$ 壁座竖向应变云图

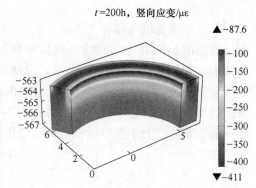

图 5-72　$t=200\text{h}$ 壁座竖向应变云图

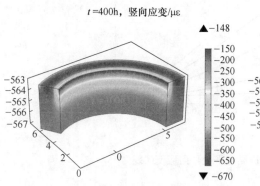

图 5-73　$t=400\text{h}$ 壁座竖向应变云图

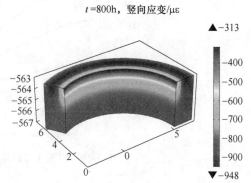

图 5-74　$t=800\text{h}$ 壁座竖向应变云图

　　沿壁座施工段高截取 1/2 段高水平，绘制壁座竖向应变沿径向的分布曲线如

图5-75所示。壁座竖向应变在径向上都呈近似线性分布,竖向应变最大值 $-858.64\mu\varepsilon$ 出现在壁座外缘,由壁座内缘向壁座外缘递增;壁座同一位置的竖向应变随时间延长递增,竖向应变变化范围随时间延长递增;但同一时刻壁座竖向应变变化范围不大, $t = 800h$ 时刻壁座内缘和外缘竖向应变相差仅为 $79.51\mu\varepsilon$,因此可认为壁座竖向应变在径向方向上近似不变,这为简化井壁力学分析模型理论研究提供了参考。

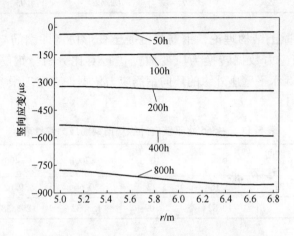

图5-75 壁座1/2段高水平处竖向应变曲线

5.2.3 数值计算与实测对比分析

考虑实测数据中 -565 水平壁座外缘环向应变曲线和外缘环向钢筋应力曲线比较完整,本节将提取上一节副立井 -565 水平壁座施工期间的井壁有限元数值计算不同时刻的环向应变进行数值计算结果与实测对比分析。在有限元数值计算结果中提取外缘监测点(坐标 $r = 6.425m$, $z = -565m$)的环向应变数据,统计值见表5-9。

表5-9 -565 水平壁座外缘环向应变数值计算结果统计表 ($\mu\varepsilon$)

时 间	$t = 50h$	$t = 100h$	$t = 200h$	$t = 400h$	$t = 800h$
数值计算结果	-0.82	-0.3	8.63	17.86	25.69

-565 水平壁座外缘的环向应变增量曲线如图5-13所示,外缘环向钢筋应力增量曲线如图5-27所示。上一节,有限元数值计算是以井壁混凝土出现的最高温度为初始时刻进行的,因此实测数据也应该以井壁混凝土出现最高温度时频率作为初始频率进行数据处理,选取不同时刻点,整理后的数据见表5-10。

表 5-10   −565 水平壁座外缘环向应变实测数据统计表   （με）

测点 \ 时间	$t = 50h$	$t = 100h$	$t = 200h$	$t = 400h$	$t = 800h$
50 测点	− 18.83	− 12.62	50.13	141.33	280.21
51 测点	14.24	71.97	157.33	232.30	342.46
52 测点	− 2.78	39.56	99.81	151.24	265.80
平均值	− 2.46	32.97	102.42	174.95	296.16

依据钢筋混凝土结构理论，钢筋与混凝土变形协调即钢筋与混凝土应变相等，故可把钢筋应力数据转换为应变数据进行对比分析。钢筋的弹性模量取 200GPa，则 −565 水平壁座外缘的环向钢筋应力依据虎克定理很容易转换为混凝土应变，见表 5-11。

表 5-11   −565 水平壁座外缘环向钢筋应力统计表

应力 \ 时间	$t = 50h$	$t = 100h$	$t = 200h$	$t = 400h$	$t = 800h$
钢筋应力实测值/MPa	− 2.16	5.22	30.66	59.68	77.27
应变/με	− 10.82	26.09	153.32	298.38	386.36

图 5-76 为环向应变数值计算与实测值对比曲线，数值计算结果要小于实测应变平均值，而钢筋应力转换的应变值最大；在 $t = 50h$ 时刻，数值计算结果与实测值非常接近，相差范围在 $10\mu\varepsilon$ 以内；在 $t = 100h$ 时刻，数值计算结果与实测值较为接近，相差范围在 $33\mu\varepsilon$ 以内；在 $t = 200h$ 时刻，数值计算结果与实测值的差值开始变大，相差范围在 $145\mu\varepsilon$ 以内；在 $t = 400h$ 时刻，数值计算结果与实测值的差值进一步变大，相差范围在 $281\mu\varepsilon$ 以内；在 $t = 800h$ 时刻，数值计算结果与实测值的差值达到最大，相差范围在 $361\mu\varepsilon$ 以内；尽管数值计算结果和实测数据在数值上存在误差，但从三条曲线的整体变化趋势来看，数值计算结果和实测数据的趋势是近似的。分析误差认为，可能是由于数值计算中简化了模型，除井壁混凝土弹性模量外的参数选取的都是常数，且忽略混凝土自身收缩变形和徐变变形导致的应变，另外传感器采集误差也是一个重要因素。

此外，从图 5-76 可以看出，环向应变实测值和钢筋应力转换的应变值比较接近，也进一步验证了钢筋与混凝土变形协调。

工程现场实测数据对理论设计和实际施工的重要意义无需多言，尽管现今传感技术已经取得飞速发展，但矿山井筒现场实测特别是冻结井筒特殊施工环境下的工程实测依然存在以下问题：

（1）传感器方面：传感器自身的稳定性不足，传感器安装是否正确稳固直接影响到传感器的抗干扰能力，可能会出现数据异常点甚至数据丢失；而测试过

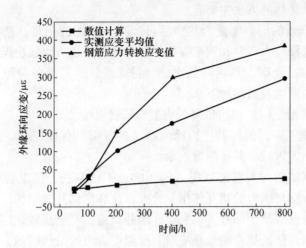

图 5-76 −565 水平外缘环向应变计算数值与实测值对比

程中，传感器是否供电正常会影响传感器的工作。而在矿山井筒测试环境复杂，很难判断传感器处于非正常状态工作还是施工扰动影响，目前现场实测也没有应变计或者钢筋应力计工作状态的检测手段，比如本章涉及的副立井现场实测中发生温度传感器没有读数时，如果当时能检测到温度传感器工作状态，就可判断是否温度超出量程的缘故，从而提前变更下一个监测层位的温度传感器型号。

（2）数据采集通讯方面：当前矿山井筒现场监测普遍采用 485 有线通讯，井筒施工环境复杂，24h 不停作业，485 信号线缆的保护是一个不能忽视的问题，一旦出现 485 信号线缆短路、断路等故障就会导致监测数据丢失；若采用无线通讯技术，则现场复杂环境以及各种干扰源又是需要克服的难题。

（3）实测数据整理方面：以振弦式传感器为例，传感器输出频率，通过公式转换得到物理量，其中初始频率值即传感器初始读数非常重要，其关系到实测数据的准确性，因此正确选定传感器初始读数是实测数据整理中最重要的问题。此外，振弦式传感器出厂给出的率定系数 K 值也是一个很关键的参数，在冻结井筒特殊的测试环境下，传感器的 K 值的准确修正也是一个需要解决的问题。

5.2.4 深冻结井筒井壁温度应力的应对措施分析

通过前面的分析可知，在深冻结井筒井壁大体积混凝土浇筑施工过程中，由于特殊的井壁温度变化情况会产生较大的温度应力，容易引发温度裂缝，从而影响井壁的承载性和耐久性，因此有必要针对深冻结井筒井壁温度应力进行应对处理。

从井壁温度应力的产生机理上看，减小温度应力有以下措施：

首先，降低井壁混凝土水化热，从而减小井壁施工过程中温度变化梯度。降低井壁混凝土水化热的方法主要有：

（1）设计合适的混凝土配合比，尽可能减少水泥的用量；选择水化热较低的水泥品种，选择较大颗粒和较好级配的粗骨料，并适当添加粉煤灰；

（2）制备混凝土时，尽量降低水泥、粉煤灰、砂石等各种原材料的初始温度，尽可能使用温度较低的地下水；

（3）浇筑混凝土时，尽可能降低混凝土入模温度；

（4）井壁施工中，做好井壁内缘混凝土的保温和保湿工作，适当延缓井壁混凝土拆模时间，以减小井壁降温速率。

其次，井壁结构对井壁温度应力的影响也不可忽视，借助包神衬砌设计理论，充分考虑井壁与围岩的相互作用，合理设计和优化井壁结构，减薄井壁混凝土厚度，降低井壁混凝土标号，以利于冻结井筒施工安全高效，同时节约工程造价。此外，增强井壁抗拉性能也是应对井壁温度应力的最佳措施，可选用高强纤维混凝土，在井壁结构中增加径向钢筋等。

附　　录

附录 A　缩写和符号说明

th——井壁厚度，m；

Th——冻结壁厚度，m；

r_0——井筒净半径，m；

r_1——井筒掘进荒径，m；

r_2——井壁外缘半径，m；

p——井壁载荷设计值，MPa；

p_0——冻结壁外缘水平载荷，MPa；

f_s——混凝土设计强度，MPa；

$[\sigma]$——冻结壁许用抗压强度，MPa；

σ_t——与冻结壁暴露时间相适应的长时强度，MPa；

ζ_i——拉麦公式按强度理论选择相关的常数，无量纲；

ζ_j——多姆克公式按强度理论选择相关的常数，无量纲；

η_i——多姆克公式按强度理论选择相关的常数，无量纲；

h——掘进段高，m；

K——里别尔曼公式冻结壁安全系数，无量纲；

χ——冻结壁上下端固定系数，无量纲；

p_n——某计算深度处岩层作用于井筒单位面积上的侧压力，MPa；

γ_n——各层岩层天然状态下的容重，kN/m³；

h_n——各层岩层的厚度，m；

φ——某计算岩层的内摩擦角，°；

$\sum \gamma_n h_n$——地下水位以上各岩层容重与层厚乘积之总和，MPa；

$\sum \gamma'_n h'_n$——地下水位以下计算深度以上各岩层悬浮容重与层厚度乘积之总
　　　　和，MPa；

γ_0——水容重，kN/m³；

H_n——某计算深度处岩层的承压水柱高度，m；

γ_b——土层干容重，kN/m³；

ε——土层孔隙比；

H——冲积层内最下部的含水层埋深，m；

E——弹性模量，MPa(GPa)；

μ——泊松比，无量纲；

G，λ——拉梅常数，MPa；

κ——体积模量，MPa；

e——体积应变，无量纲；

r，z——径向、竖向坐标，m；

σ_r，σ_θ——径向、环向应力，MPa；

r_p——冻结壁塑性区半径，m；

u，w——径向、竖向位移，m；

H_p——冻结壁临塑深度，m；

ζ——开挖段高与开挖荒径之比，无量纲；

ξ——冻结壁厚度与开挖荒径之比，无量纲；

ς——围岩剪切模量与冻结壁剪切模量之比，无量纲。

S——冻结壁设计安全系数，无量纲；

p_{1max}——冻结壁能承受的理论最大外荷载，MPa；

p_1——冻结壁实际外荷载，MPa；

p_∞——围岩无穷远处的水平初始地应力，MPa；

p'_∞——围岩无穷远处的水平初始有效应力，MPa；

$p_{\infty w}$——围岩无穷远处的静水压力，MPa；

T——温度，℃；

τ——时间，h；

a——导温系数，m^2/h；

λ——导热系数，J/（m·℃）；

c——比热，kJ/（kg·℃）；

ρ——密度，kg/m^3；

$\theta(\tau)$——龄期为 τ 时的绝热温升，℃；

W——单位体积混凝土的胶凝材料用量，kg/m^3；

Q——胶凝材料水化热总量，kJ/kg；

ΔT——温度变化，℃；

α——热膨胀系数，无量纲。

附录 B　术语与专业名词

立井：也称竖井，是矿山井筒井下通往地面的垂直巷道，主要用于提升运输人员、设备、矿石、材料等以及通风排水。

冻结法凿井：指在井筒开凿之前，利用人工制冷技术，把井筒周围含水层冻结成封闭的冻结帷幕，然后在其保护下进行井筒掘砌的特殊施工方法。

井壁：指在井筒开挖围岩的表面砌筑的具有一定强度和厚度的整体构筑物，材料一般采用钢筋混凝土或混凝土。

单层井壁：由一层钢筋混凝土或由钢板和钢筋混凝土复合而成的构筑物。

双层井壁：由外层井壁和内层井壁组合而成的构筑物。

复合井壁：指带有夹层的多层井壁或组合井壁。

外层井壁：简称外壁，属于临时支护，自上而下掘砌，抵抗冻结压力。

内层井壁：简称内壁，属于永久支护，自下而上浇筑，承受静水压力，并与外壁共同承受永久地压。

冻结壁：属于临时支护，是指利用人工制冷技术，在井筒周围形成的封闭冻结圈，冻结壁具有一定厚度和强度，可以抵抗地压，隔绝地下水与井筒的联系。

永久地压：冻结壁融化后，井壁受到的水土压力之和。

冻结压力：属于临时荷载，是指井筒井壁砌筑后，由于冻结壁蠕变、冻胀等因素作用在井壁上的径向压力。

温度应力：由于温度变化产生的温度变形受到约束时，结构内部所产生的应力。

大体积混凝土：按照我国现行《大体积混凝土施工规范》，混凝土结构物实体最小几何尺寸不小于1m的大体量混凝土，或预计会因混凝土中胶凝材料水化引起的温度变化和收缩而导致有害裂缝产生的混凝土。

短掘短砌：指井筒短段掘进一个施工段高后立即砌筑该段高的井壁，如此循环作业的施工工艺。

短掘中套：指短段掘砌若干段高的外壁，再自下而上浇筑这一阶段的内壁，然后在进行下一阶段外壁的掘砌，如此循环作业的施工工艺。

短掘长套：指自上而下短段掘砌外壁至井底，再一次自下而上砌筑内壁的施工工艺。

施工段高：井筒施工中开挖后没有支护的井帮高度，一般控制在2~5m。

参 考 文 献

[1] 何满潮，朱国龙．"十三五"矿业工程发展战略研究 [J]．煤炭工程，2016，（01）：1～6.

[2] 窦玉康．浅谈塔然高勒矿井建设的经验教训 [J]．煤炭工程，2012，（S1）：27～28.

[3] 李想想，王军，王申，等．麦垛山矿矿井水害分析与防治 [J]．铜业工程，2012，（03）：81～84.

[4] 李宁．已成型井壁保护技术在核桃峪副井中的应用 [J]．煤炭技术，2015，（6）：89～90.

[5] 周晓敏．地铁隧道工程人工地层冻结技术的发展 [C] //中国国际隧道工程研讨会．2009.

[6] 程烨尔．特长隧道盾尾钢丝刷更换冻结法施工方案与技术研究 [D]．上海：同济大学土木工程学院，2009.

[7] 李晶岩，付丽．人工冻结技术应用进展 [J]．山西建筑，2009，（07）：172～173.

[8] 贾澎波，王娟，李文涛．浅谈冻结法与钻井法凿井 [J]．科技信息，2010，（10）：325.

[9] Zhou Jie. Numerical simulation on shaft lining stresses analysis of operating mine with seasonal temperature change [J]. Procedia Earth and Planetary Science 1 (2009): 550～555.

[10] 贾翱翔．冻结法凿井井壁结构设计 [J]．建井技术，2006，（01）：13～14，34.

[11] 王建涛，张建平．超深冻结立井井壁结构设计 [J]．煤炭工程，2015，（07）：24～26，29.

[12] 煤炭科学研究院北京研究院所建井室．煤矿冻结法凿井 [M]．北京：煤炭工业出版社，1975.

[13] H. R. Thomas. Numerical solutions of one-dimensional rheological models of combined consolidation and creep [J]. International Journal of Numerical Methods for Heat & Fluid Flow. 1989, (10): 331～338.

[14] 赵士弘，马芝文．特殊凿井 [M]．北京：煤炭工业出版社，1993.

[15] 崔广心，杨维好，吕恒林．深厚表土层中的冻结壁和井壁 [M]．徐州：中国矿业大学出版社，1998.

[16] 周晓敏，贺震平，纪洪广．高水压下基岩冻结壁设计方法 [J]．煤炭学报，2011，36（12）：2121～2126.

[17] 周晓敏，管华栋，罗晓青，等．竖井圆形冻结壁弹性设计理论的对比研究 [J]．岩土力学，2013，34（S1）：247～251.

[18] 周晓敏，管华栋．由包神衬砌设计公式谈"两壁"设计 [J]．建井技术，2015，（5）：46～51.

[19] 彭承．人工冻结工程中冻结壁设计探讨 [A]．矿山建设工程技术新进展——2009 全国矿山建设学术会议文集（上册）[C]．2009：5.

[20] 杨更社，奚家米．煤矿立井冻结设计理论的研究现状与展望分析 [J]．地下空间与工程学报，2010，6（3）：627～632.

[21] Sollund H A, Vedeld K, Hellesland J. Efficient analytical solutions for heated and pressurized multi-layer cylinders [J]. Ocean Engineering, 2014, 92: 285～295.

[22] Domke O. Uber die Beanspruchung der Frostmauer beim Schachtabteufen nach Gefrierverfahren

［J］. Gluchauf, 1915, 51（47）: 1129～1135.

［23］庞荣庆, 王宗金. 深井冻结壁的设计、发展与控制［A］. 矿山建设工程新进展——2007 全国矿山建设学术会议文集［C］. 2007: 114～123.

［24］贾翱翔. 冻结法凿井井壁结构的探讨［J］. 煤炭工程. 2006,（2）: 63～64.

［25］路耀华, 崔增祁. 中国煤矿建井技术［M］. 徐州: 中国矿大出版社, 1995.

［26］张文. 我国深井冻结法凿井井壁结构形式探讨［J］. 建井技术, 2015, 36（11）: 6～12.

［27］苏立凡, 娄根达, 赵光荣. 冻结井井壁破坏及其原因分析［J］. 建井技术, 1991,（1）: 33～37.

［28］楼根达, 王正廷. 冻结井短砌中套井壁的设计原理与工程实践［C］//中国煤炭学会地层冻结工程技术和应用学术研讨会. 1995.

［29］张驰, 杨维好, 齐家根, 等. 基岩冻结新型单层井壁施工技术与监测分析［J］. 岩石力学与工程学报, 2012, 31（2）: 337～346.

［30］煤炭工业部书刊编辑室. 国外井巷掘砌施工的经验［C］. 1959 年伦敦建井会议报告文集. 北京: 中国工业出版社, 1965.

［31］陈晓祥. 新型单层冻结井壁关键技术与设计理论研究［D］. 徐州: 中国矿业大学, 2007.

［32］韩涛. 富水基岩单层冻结井壁受力规律及设计理论研究［D］. 徐州: 中国矿业大学, 2011.

［33］王衍森. 特厚冲积层中冻结井外壁强度增长及受力与变形规律研究［D］. 徐州: 中国矿业大学, 2005.

［34］中华人民共和国标准. 煤矿立井井筒及硐室设计规范［S］. GB 50384—2016, 北京: 中国计划出版社, 2016.

［35］中华人民共和国标准. 混凝土结构设计规范［S］. GB 50010—2010, 北京: 中国建筑工业出版社, 2010.

［36］周晓敏, 陈建华, 罗晓青. 孔隙型含水基岩段竖井井壁厚度拟定设计研究［J］. 煤炭学报, 2009, 34（9）: 1174～1178.

［37］周晓敏, 纪洪广, 邓斌. 高水压基岩井壁厚度设计方法［C］. 2011 年中国矿业科技大会论文集. 2011: 4.

［38］宁方波. 关于西部软岩地层井筒冻结设计的几点认识［C］. 中国煤炭学会成立五十周年系列文集 2012 年全国矿山建设学术会议专刊（上）, 中国煤炭学会煤矿建设与岩土工程专业委员会, 2012: 4.

［39］程桦. 我国西部地区冻结法凿井关键技术问题［C］. 矿山建设工程技术新进展——2009 全国矿山建设学术会议文集（上册）, 中国煤炭学会煤矿建设与岩土工程专业委员会, 2009: 7.

［40］郭永富. 东西部地区冻结工程特点的认识［C］. 中国煤炭学会成立五十周年系列文集 2012 年全国矿山建设学术会议专刊（上）, 中国煤炭学会煤矿建设与岩土工程专业委员会, 2012: 2.

［41］杨更社. 冻结岩石力学的研究现状与展望分析［J］. 力学与实践, 2009, 31（6）: 9～16, 29.

［42］刘泉声, 康永水, 黄兴, 等. 裂隙岩体冻融损伤关键问题及研究状况［J］. 岩土力学, 2012, 33（4）: 971～978.

[43] 李慧军. 冻结条件下岩石力学特性的实验研究 [D]. 西安：西安科技大学，2009.

[44] Winkler E M. Frost damage to stone and concrete：geological considerations [J]. Engineering Geology, 1968, 2（5）：315～323.

[45] Kosrtomtiinov K, Nikolenko B, et al. Testing the strength of frozen rocks on samples of various forms [C]. Increasing the effectiveness of mining industry in Yakutia, Novosibirsk, 1974, 89～90.

[46] Inada Y, Yokota K. Some studies of low temperature rock strength [J]. International Journal of Rock Mechanics and Mining Sciences and Geomechanies Abstract. 1984, 21（3）：145～153.

[47] Kenji Aoki, Keisuke Hibiya, Takehisa Yoshida. Storage of Refrigerated Liquefied Gases in Rock Caverns：Characteristics of Rock Under Very Low Temperatures [J]. Tunneling and Underground Space Technology, 1990, 5（4）：319～325.

[48] Yamabe, T, MNeaupane K. Determination of some thermo-mechanical properties of Sirahama sandstone under subzero temperature conditions [J]. International Journal of Rock Mechanics & Mining Science. 2001, 38（7）：1029～1034.

[49] Park C, Synn J H, Shin H S, et al. An experimental study on the thermal characteristics of rock at low temperatures [J]. International Journal of Rock Mechanics & Mining Sciences, 2004, 41（3）：367～368.

[50] Goriaev V E, Reiner V V, Kiev, N D. Studying frozen ground excavation by electric thermal means（in Russian）[A]. In Thermo-mechanical Methods of Rock Shattering [C]. 1972.

[51] Misnik I. U, Kiev N. D. Basic problems of frozen rock excavation by electric thermal drills（in Russian）[A]. In Thermo-mechanical Methods of Rock Shattering [C]. 1972.

[52] Mekrasov L. B., Misnik I. M., Movshina S. D. Technical and economic evaluation of high-frequency electrical thermos-hammers for breaking frozen rocks（in Russian）[A]. In Thermo-mechanical Methods of Rock Shattering [C]. 1972.

[53] 杨更社, 奚家米, 邵学敏, 等. 冻结条件下岩石强度特性的试验 [J]. 西安科技大学学报, 2010, 30（01）：14～18.

[54] 尹楠, 陈军浩. 不同地区冻结岩土物理力学性能试验及冻结方案选择 [J]. 煤炭工程, 2014, 46（10）：102～105.

[55] 单仁亮, 赵文峰, 宋立伟, 等. 冻结红砂岩力学特性试验研究 [J]. 煤矿开采, 2014, 19（02）：9～12.

[56] 朱杰, 徐颖, 李栋伟, 等. 泊江海子矿白垩纪地层冻结软岩力学特性试验 [J]. 吉林大学学报（地球科学版）, 2016, 46（03）：798～804.

[57] 李宁, 张平, 程国动. 冻结裂隙砂岩地周循环动力特性实验研究 [J]. 自然科学进展, 2001, 11（11）：1175～1180.

[58] 杨更社, 张全胜, 蒲毅彬. 冻结温度下岩石细观损伤演化 CT 扫描 [J]. 长安大学学报（自然科学版）, 2004, 24（6）：40～46.

[59] 张全胜, 杨更社, 高广运, 等. X 射线 CT 技术在岩石损伤检测中的应用研究 [J]. 力学与实践, 2005,（06）：11～19.

[60] 张继周, 缪林昌, 杨振峰. 冻融条件下岩石损伤劣化机制和力学特性研究 [J]. 岩石力学

与工程学报, 2008, 27 (8): 1688 ~ 1694.

[61] 刘成禹, 何满潮, 王树仁, 等. 花岗岩低温冻融损伤特性的实验研究 [J]. 湖南科技大学学报 (自然科学版), 2005, (01): 37 ~ 40.

[62] 中华人民共和国标准. 大体积混凝土施工规范 [S]. GB 50496—2009, 北京: 中国计划出版社, 2009.

[63] L Wilson E. The determination of temperatures within mass concrete structures (SESM Report No. 68 ~ 17). Structures and Materials Research [R]. Berkeley: Department of Civil Engineering University of California, 1968.

[64] Barrett P K, et al. Thermal structure analysis methods for RCC dams [C]. Proceeding of conference of roller compacted concrete 3rd, San Diedo, California, ACI, 1992: 407 ~ 422.

[65] Gustaf Westman. Concrete creep and thermal stresses: New creep models and their effects on stress development [D]. Department of Civil and Mining Engineering Division of Structural Engineering, 1999. 10.

[66] Srisoros W. Analysis of Crack Propagation due to Thermal Stress in Concrete Considering Solidified Constitutive Model [J]. Journal of Advanced Concrete Technology, 2007, 5 (1): 99 ~ 112.

[67] Kim J K, Jeon S E, Kim K H. Apparatus for and method of measuring thermal stress of concrete structure: US, US 20010049968 A1 [P]. 2001.

[68] Amin M N, Kim J S, Yun L, et al. Simulation of the thermal stress in mass concrete using a thermal stress measuring device [J]. Cement & Concrete Research, 2009, 39 (3): 154 ~ 164.

[69] Chu I, Yun L, Amin M N, et al. Application of a thermal stress device for the prediction of stresses due to hydration heat in mass concrete structure [J]. Construction & Building Materials, 2013, 45 (13): 192 ~ 198.

[70] Sheibany F, Ghaemian M. Effects of Environmental Action on Thermal Stress Analysis of Karaj Concrete Arch Dam [J]. Journal of Engineering Mechanics, 2006, 132 (5): 532 ~ 544.

[71] Wu S, Huang D, Lin F B, et al. Estimation of cracking risk of concrete at early age based on thermal stress analysis [J]. Journal of Thermal Analysis & Calorimetry, 2011, 105 (1): 171 ~ 186.

[72] Schutter G D. Finite element simulation of thermal cracking in massive hardening concrete elements using degree of hydration based material laws [J]. Computers & Structures, 2002, 80 (27 ~ 30): 2035 ~ 2042.

[73] Borst R D, Boogaard A H V D. Finite-Element Modeling of Deformation and Cracking in Early-Age Concrete [J]. Journal of Engineering Mechanics, 1994, 120 (12): 2519 ~ 2534.

[74] Yeon J H, Choi S, Won M C. In situ measurement of coefficient of thermal expansion in hardening concrete and its effect on thermal stress development [J]. Construction & Building Materials, 2013, 38 (38): 306 ~ 315.

[75] Borghesi A, Sassella A. Stress Analysis of Concrete Structures Subjected to Variable Thermal Loads [J]. Journal of Structural Engineering, 1995, 121 (3): 446 ~ 457.

［76］ Li L Y, Purkiss J. Stress-strain constitutive equations of concrete material at elevated tempera-tures ［J］. Fire Safety Journal, 2005, 40 （7）: 669~686.

［77］ Mirambell E, Aguado A. Temperature and Stress Distributions in Concrete Box Girder Bridges ［J］. Journal of Structural Engineering, 1990, 116 （9）: 2388~2409.

［78］ Janoo V, Bayer, J, Walsh M. Thermal Stress Measurements in Asphalt Concrete ［J］. Thermal Stress Measurements in Asphalt Concrete, 1993.

［79］ Holt E. Contribution of mixture design to chemical and autogenous shrinkage of concrete at early ages ［J］. Cement and Concrete Research, 2005, 35 （3）: 464~472.

［80］ Jin K K, Kim K H, Yang J K. Thermal analysis of hydration heat in concrete structures with pipe-cooling system ［J］. Computers & Structures, 2001, 79 （2）: 163~171.

［81］ Mats Emborg, Stig Bernander. Assessment of Risk of Thermal Cracking in Hardening Concrete ［J］. Journal of Structure Engineering, 1994, （10）: 2593~2912.

［82］ Mihashi H, Leite J, B. O P D. State-of-the-Art Report on Control of Cracking in Early Age Concrete ［J］. Concrete Journal, 2004, 40 （2）: 141~154.

［83］ Eun-Ik Yang, Shiro Morita, Seong-Tae Y. Effect of Axial Restraint on Mechanical Behavior of High-Strength Concrete Beams ［J］. Structural Journal, 1997, （5）: 751~756.

［84］ Shuai F, Yong Y, Shengnian W. Experimental Study on Avoidance of Early Age Thermal Crack-ing in Large Concrete Immersed Tunnel ［J］. Chinese Journal of Underground Space and Engi-neering, 2011.

［85］ Enrique Mirambell, Antonoi Aguado. Temperature and Stress Distributions in Concrete Box Girder Bridges ［J］. Journal of Structural Engineering, 1990, （9）: 2389~2409.

［86］ Chikahisa H, Tsuzaki J, Nakahara H, Sakurai S. Adaptation of back analysis methods for the estimation of thermal and boundary characteristics of mass concrete Structures ［J］. Dam Engi-neering, 1992, 3 （2）: 117~138.

［87］ Kheder G F, A1-Rawi R S, A1-Dhahi J K. A study of the behaviour of volume change cracking in base restrained concrete walls ［J］. Materials and Structures, 1994, 27: 383~392.

［88］ Yan-Zhou Niu, Chuan-Liu Tu, Robert Y Liang, et al. Modeling of Thermal Mechanical Damage of Early Concrete ［J］. Journal of structure Engineering, 1995, （4）: 717~726.

［89］ Qian C, Gao G. Reduction of interior temperature of mass concrete using suspension of phase change materials as cooling fluid ［J］. Construction & Building Materials, 2012, 26 （1）: 527~531.

［90］ 朱伯芳. 大体积混凝土温度应力与温度控制 ［M］. 北京: 中国电力出版社, 2003.

［91］ 潘家铮. 水工建筑物的温度控制 ［M］. 北京: 水利电力出版社, 1990.

［92］ 潘家铮. 水工结构分析文集 ［M］. 北京: 电力工业出版社, 1981.

［93］ 潘家铮. 重力坝设计 ［M］. 北京: 水利电力出版社, 1987.

［94］ 王铁梦. 工程结构裂缝控制 ［M］. 北京: 中国建筑工业出版社, 1997.

［95］ 朱伯芳. 多层混凝土结构仿真应力分析的并层算法 ［J］. 水力发电学报, 1994, 46 （3）: 41~44.

［96］ 陈尧隆, 何劲. 用三维有限元浮动网格法进行碾压混凝土重力坝施工期温度场和温度应

力仿真分析 [J]. 水利学报, 1998, 26 (1): 57~58.

[97] 黄达海, 殷福新, 宋玉普. 碾压混凝土坝温度场仿真分析的波函数法 [J]. 大连理工大学学报, 2000, 40 (2): 214~217.

[98] 刘宁, 刘光廷. 大体积混凝土结构温度场的随机有限元算法 [J]. 清华大学学报 (自然科学版), 1996, 36 (1): 41~47.

[99] 梅明荣, 彭宣茂, 陈里红. 大体积混凝土结构温控分析的计算机仿真 [J]. 河海大学学报, 1995, 23 (1): 109~112.

[100] 王衍森, 黄家会, 杨维好, 等. 特厚冲积层中冻结井外壁温度实测研究 [J]. 中国矿业大学学报, 2006, (04): 468~472.

[101] 付厚利. 深厚表土中冻结壁解冻阶段井壁竖直附加力变化规律的研究 [D]. 徐州: 中国矿业大学, 2000.

[102] 孙文若. 冻结法凿井钢筋混凝土井壁的温度应力应引起重视 [J]. 煤炭科学技术, 1979, 7 (8): 1~6.

[103] 经来旺, 李华龙. 冻结法施工中温度变化对井壁强度的影响 [J]. 煤炭学报, 2000, (01): 42~47.

[104] 经来旺, 张皓. 冻结壁融化阶段井壁破裂因素分析及防破裂措施研究 [J]. 工程力学, 2003, (01): 121~126.

[105] 经来旺, 高全臣, 徐辉东, 等. 冻结壁融化阶段井壁温度应力研究 [J]. 岩土力学, 2004, (09): 1357~1362.

[106] 刘金龙, 陈陆望, 王吉利. 考虑温度应力影响的立井井壁强度设计方法 [J]. 岩石力学与工程学报, 2011, 30 (08): 1557~1563.

[107] 刘金龙, 陈陆望, 王吉利. 立井井壁温度应力特征分析 [J]. 岩土力学, 2011, 32 (08): 2386~2390.

[108] 陆军. 立井基岩段混凝土井壁温度应力分析 [J]. 中国矿业, 2006, (07): 77~79.

[109] 张红亚. 冻结深立井钢筋混凝土井壁温度场与温度应力研究 [D]. 合肥: 合肥工业大学, 2013: 69~101.

[110] 孙钦帅, 徐兵壮, 李昆, 等. 冻结立井外壁竖向钢筋应力受温度影响规律研究 [J]. 煤炭科学技术, 2015, 43 (04): 27~30.

[111] 张涛. 冻结内层井壁早期温度应力数值计算研究 [D]. 锦州: 辽宁工业大学, 2016: 47~59.

[112] 周晓敏, 管华栋, 张磊. 基于冻结壁地层相变环境下大体积混凝土温度场研究 [J]. 应用基础与工程科学学报, 2017, 25 (02): 395~406.

[113] 张涛, 杨维好, 陈国华, 等. 大体积高性能混凝土冻结井壁水化热温度场实测与分析 [J]. 采矿与安全工程学报, 2016, 33 (02): 290~296.